JIAKONG SHUDIAN XIANLU WURENJI XUNJIAN
YINGYONG DIANXING ANLIJI

架空输电线路无人机巡检

应用典型案例集

国网宁夏电力有限公司检修公司　编

中国电力出版社
CHINA ELECTRIC POWER PRESS

内 容 提 要

本案例集包含了二十个案例，将通过案例分析、传统解决方法分析、无人机解决方法分析及应用效果评价这几个维度，对无人机常见的典型案例展开分析。本书主要面向电力系统一线巡检工作人员，也可作为设备供应商和无人机相关专业人员、高等院校师生的参考用书。

图书在版编目（CIP）数据

架空输电线路无人机巡检应用典型案例集 / 国网宁夏电力有限公司检修公司编. —北京：中国电力出版社，2021.12（2024.11 重印）
ISBN 978-7-5198-6254-1

Ⅰ. ①架… Ⅱ. ①国… Ⅲ. ①无人驾驶飞机–应用–架空线路–输电线路–巡回检测–案例–汇编 Ⅳ. ①TM726.3

中国版本图书馆 CIP 数据核字（2021）第 253115 号

出版发行：中国电力出版社
地　　址：北京市东城区北京站西街 19 号（邮政编码 100005）
网　　址：http://www.cepp.sgcc.com.cn
责任编辑：雍志娟（010-63412255）
责任校对：黄　蓓　于　维
装帧设计：郝晓燕
责任印制：石　雷

印　　刷：廊坊市文峰档案印务有限公司
版　　次：2021 年 12 月第一版
印　　次：2024 年 11 月北京第三次印刷
开　　本：787 毫米×1092 毫米　16 开本
印　　张：4.75
字　　数：84 千字
定　　价：32.00 元

前　言

输电线路是电力系统的重要组成部分，对保障电路供应有着非常重要的意义。但是其分布区域广泛、运行环境复杂且恶劣的特点使其运维难度较高，工作强度较大，作业风险也较高。随着无人机巡检的出现，让线路巡视效率有了很大提高，虽然无法和直升机相比，但是质量却丝毫不逊于直升机巡视，而且相比较人工来说，不用再考虑人身安全等问题。

为了满足电力企业对无人机的学习需求，我们编著了本书。这本案例集将通过案例分析、传统解决方法分析、无人机解决方法分析及应用效果评价这几个维度，对无人机常见的典型案例展开分析，让读者从实际工作案例中了解到无人机的作用！

在本书编写过程中，得到国网宁夏电力有限公司的大力支持，在此表示衷心感谢！

由于编写水平所限，书中难免存在不妥或疏漏之处，希望广大读者批评指正。

作　者

2021 年 11 月

目　录

前言

案例一 无人机超视距测控——
输电线路杆塔变形检测

摘要：杆塔是通过绝缘子串组悬挂导线的装置，是用来支持导线、避雷线及其附件的支持物，以保证导线与导线、导线与地线、导线与地面或交叉跨越物之间有足够的安全距离。塔材的缺失、变形、锈蚀会影响线路的平稳安全运行。若出现塔材构件缺失过多的现象，将极大地削弱杆塔的稳定性和抗压性，特别是对于转角塔这类塔型，杆塔随时都可能因受力不均而发生构件扭曲甚至发生倒塔事故，从而影响整个区域的供电安全。与传统人工巡检相比，无人机自主开展线路巡检不仅迅速快捷、工作效率高，而且不受地域环境影响，巡视 1000m 的输电线路通道，人工巡检需要约 40min，而无人机只需 10min，大大提升了巡视效率；同时，无人机可根据预先规划好的航线对杆塔等开展全方位巡检，将定点悬停拍摄的高清图片、视频实时传回管理后台。另外，在崎岖难行的山区，无人机巡检的优势则更加明显。

关键词：输电线路 塔材缺失 杆塔 案例分析

所属岗位中类：电力运维检修技术

所属岗位小类：输电运检技术

涉及模块：输电带电作业新技术

涉及知识点：无人机巡检技术

一、案例简介

2020 年 5 月，750kV ××线无人机精细化巡检过程中，无人机班组人员杨某某、罗某某在使用多旋翼无人机对杆塔进行可见光拍摄，经过对无人机巡检照片分析发现××号塔存在多处塔材缺失、螺帽松动现象，班组立即安排对该杆塔进行激光点云采集通过杆塔模型进行数据测量，发现该杆塔向大号侧倾斜××°，属于严重缺陷。

二、解决方法

1. 传统分析方法——经纬仪测量法确认杆塔倾斜度数

经纬仪测量时，应先利用铁塔底脚或电杆拉线等找出杆塔中心 O 点，然后将经纬仪在顺线路方向距杆塔中心为杆塔高 1.5～2 倍的线路中心线位置上架好，调整好仪器，把镜筒内的准线交点对准杆塔顶部的中心位置，固定仪器的水平制动螺旋。将镜筒向下转动使镜筒内准线和地面横线路中心线相交，在交点处做一标记 O_1 点，然后在其延长线上再估一标记 O_1'。将经纬仪移位架设在横线路方向的中心线上，用同样的方法对准杆塔顶部中心位置后，将镜筒向下转动使镜筒内准线交于 O_1O_1' 线段上的 O' 点上，以 O' 点为中心，分别量出杆塔顺线路倾斜值 S_2 和横线路倾斜值 S_1，如下图所示。

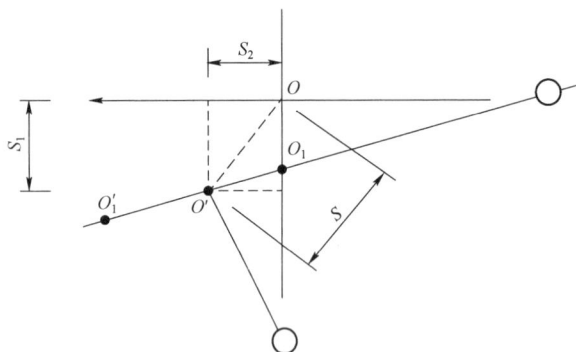

经纬仪测量法确认杆塔倾斜度数

2. 新技术分析方法——激光点云测量确定杆塔倾斜度数

本文中的案例利用无人机搭载激光雷达对目标杆塔进行激光点云数据采集。

激光点云指无人机搭载激光雷达系统（激光雷达是一种集激光扫描与定位定姿系统于一身的测量装备，激光雷达系统包括激光器和一个接收系统），沿着导线走向在线路侧上方飞行扫描采集，扫描范围应覆盖输电线路走廊和本体。向被探测目标（输电线路、通道、地物、植被等）发射激光脉冲，打在物体上并反射回来，最终被接收器所接收。接收器准确地测量光脉冲从发射到被反射回的传播时间。鉴于光速是已知的，传播时间即可被转换为对距离的测量。结合激光器的高度，激光扫描角度，就可以准确地计算出每一个光斑的三维坐标 X，Y，Z。

将采集到的三维坐标数据导入大疆智图或数字绿土等相关点云数据处理软件。使用大疆智图或数字绿土软件对杆塔点云数据进行处理生成三维点云数据模型，利用软件自带工具进行测量确认倾斜角度。

三、应用效果评价

1. 数据准确

传统的经纬仪测量法确认杆塔倾斜度数无疑是最精确的，随着技术发展，无人机激光雷达测绘精度完全可以达到经纬仪测量相同的水平，且软件操作简便，能够满足电力巡检人员对杆塔倾斜测量的要求，能够提供准确数据基础，对线路安全运行提供了保障。

2. 提高效率

相比传统经纬仪测量法，无人机激光点云测量更加高效，节约人力物力，且能够不受各种复杂地形的限制，更加高效、安全。

3. 便携性

经纬仪体积大、重量大、不易携带，无人机体积小，可单人携带，便携性更强。

4. 减轻人员劳动强度

经纬仪测量法需要人员前往杆塔周围，遇到复杂地形往往需要耗费人力背负经纬仪前往测量地，人员劳动强度大。无人机不受地形地貌限制可远程操控完成测量，节省人员劳动。

综合以上分析，无人机巡检完全可以代替人工巡检，提供输电线路巡检的效率和质量。

案例二　无人机超视距测控——杆塔基础隐患检测

摘要： 架空输电线路基础回填土塌陷，保护帽破损严重，将会导致杆塔倾斜，存在严重的安全隐患。本案例通过分析各种运行环境原因，指出行之有效的解决措施。通过合理运用适合北方地区的多种方法综合治理，达到降低输电线路回填土塌陷严重，保护帽破损严重的问题，减少杆塔倾斜概率，提高线路的使用率，提高系统稳定性。

关键词： 无人机巡检　回填土塌陷　保护帽破损

所属岗位中类： 电力运维检修技术

所属岗位小类： 输电运检技术

涉及模块： 输电带电作业新技术

涉及知识点： 无人机巡检技术

一、案例简介

2020 年 5 月，750kV ××线无人机精细化巡检过程中，无人机班组人员杨某某、罗某某在使用多旋翼无人机对杆塔进行可见光拍摄，经过对无人机巡检照片分析发现××号杆塔基础回填土下陷，保护帽破损、开裂，经过分析发现：导致回填土下陷的原因为基础填实过程中选用的土壤含水量大；回填土未分层碾压、务实；基底存在橡皮土未做处理。导致保护帽破损、开裂的原因有恶劣天气的影响；基础保护帽质量差；施工过程中铁塔与基础连接处螺栓未扭紧。

二、解决方法

1. 传统分析方法——人工巡检

人工巡检方式是一种传统的巡检方式，巡检人员行进于线路走廊内，到达杆位后在杆塔下使用望远镜、手持红外检测仪器和摄像机等，自下而上地对杆塔进行巡视，对存在问题的位置进行拍摄。或者登上铁塔采用电场检测仪等设备对绝缘子进行检测。

2. 新技术分析方法——无人机巡检

利用无人机搭载摄像机对目标杆塔进行输电线路基础设施进行无人机巡检，无人机巡检杆塔时，以无人机的起降点为准，先检测靠近起降点的一侧；在巡检时，先从下至上对中杆塔一侧进行巡检，然后从中杆塔顶部越过，再从上至下巡检，完成巡检过程。杆塔巡视的主要内容如下：杆塔是否倾斜；铁塔构件有无弯曲、变形、锈蚀；螺栓有无松动；混凝土杆有无裂纹、酥松、钢筋外露，焊接处有无锈蚀；木杆有无腐朽、烧焦、开裂，绑桩有无松动，木楔是否变形或脱出；基础有无损坏，下沉或上拔，周围土壤有无挖掘或沉陷，寒冷地区电杆有无冻鼓现象；杆塔位置是否适当，有无被车辆碰撞的可能，保护设施是否完好，标志是否清晰；杆塔有无被水淹、水冲的可能，防洪设施有无损坏；杆塔标志（杆号、相位、警告牌等）是否齐全、明显；杆塔周围有无杂草和蔓藤类植物附生；有无危及安全的鸟巢、风筝及杂物。

本文中的案例针对输电线路基础类设施：无人机需离线路杆塔以外，缺陷附近树木、障碍物最高点 2m 以上，至少选择 2 个不同方向进行拍摄，每个方向拍摄照片不低于三张。

三、应用效果评价

1. 无人机能有效解放工作人员

无人机巡检输电线路能够较好实现对于人员的有效解放，避免相应输电线路管理人员因为长距离电力线路的监管造成较为严重的疲劳问题，也可以较好规避工作人员在该方面出现的明显伤亡问题、自然风险。

2. 无人机能提高输电线路巡检效率

从输电线路巡检效率上来看，相对于传统的人工巡检模式，无人机的操作更为便捷高效，能够在短时间内巡视大范围的输电线路，速度更快，输电线路的巡检周期得到明显缩短。比如，在丘陵或山地地区，无人机可以替代人员、车辆登山，直接在山脚起飞拍摄山上的线路情况，工作效率是人工巡检的 3～5 倍，投入的人力物力和工作耗时大大缩短，减轻了基层维护人员的工作量。

3. 无人机能提高巡检输电线路的效果

人为和环境因素对传统人工巡检作业影响较大，传统人工巡检效果无法得到可靠保障。从无人机巡检输电线路的效果上来看，其巡检质量可以得到较好控制。

无人机可以获取更为丰富详尽的信息，在巡检范围内实现更广的视角，全方位关注，做到真正的 360°无死角摄影，将采集的图像视频信息同步上传电脑存储，可进行消缺前后对比，以更精准地把握消缺结果，及时发现隐患，进而更好提升巡检价值，促使其为后续管理协调工作提供更为详尽的素材，尤其是在一些精细巡检要求区域，无人机巡检模式的应用效果是比较理想的。

为了证明无人机巡检相较于人工巡检最大的优势更多地体现在"巡检质量"。××省电力曾做过一个测试实验，在输电线路的塔头部分人工设置了 11 个缺陷，让 2 位有 10 多年工龄的巡线老师傅和无人机进行巡线对比，结果是人工巡检发现的缺陷是个位数，而无人机巡检发现的缺陷是 17 个，因为它除了发现人工设置的 11 个缺陷外，还发现了 6 个线路本身存在的缺陷。

4. 无人机更方便灵活

传统人工巡检所需要携带的工器具多、重量大、不易携带，与传统巡检作业方式相比，无人机轻巧、体积小，携带方便；起降方便、姿态稳定，能远程遥控控制、操作灵活。

综合以上分析，无人机巡检完全可以代替人工巡检，提供输电线路巡检的效率和质量。

案例三　无人机超视距测控——
通道违章建筑、违章施工作业实例

摘要： 为解决传统巡检方式存在安全性差、效率低、漏检率高等缺点，提出了无人机在架空输电线路通道巡检的应用方案，并在某 500kV 输电线路通道进行了应用验证。通过现场勘察，结合巡检计划和无人机技术特点，完成机型选择、航线规划及起降点确定等巡检前准备工作，并采用全线/局部多次巡检作业方式，实现了违规建筑、障碍物等排查。应用结果表明，无人机可高效准确完成巡检工作，适用于输电线路通道巡检。

关键词： 无人机巡检　输电线路　违章建筑　违章施工

所属岗位中类： 电力运维检修技术

所属岗位小类： 输电运检技术

涉及模块： 输电带电作业新技术

涉及知识点： 无人机巡检技术

一、案例简介

2020 年某月，无人机班组人员在巡线过程中，发现××线××塔下方存在大量自建房屋、温室大棚、园林果树等众多影响线路安全的隐患，在风力较大的季节，生活垃圾、农用塑料薄膜等易漂浮物，可能会影响线路安全运行。

二、解决方法

1. 传统分析方法——人工巡检

人工巡检是一种传统的巡检方式，巡检人员行进入线路走廊内，到达杆位后在杆塔下使用望远镜、手持红外检测仪器和摄像机等，自下而上地对杆塔进行巡视，对存在问题的位置进行拍摄。巡检的内容见下表。

人 工 巡 检 内 容

巡检对象	检查线路通道环境有无以下变化或情况
建筑物	有违章建筑、导线与建筑物安全距离不足等
树木	树木与导线安全距离不足等
施工作业	线路附近有危及线路安全的施工作业等
火灾	线路附近有烟火、易燃易爆物堆积等
交叉跨越	出现新建或改建电力、通信线路及道路、铁路、索道、管道等
防洪、排水、基础保护设施	坍塌、淤堵、破损等
自然灾害	地震、洪水、泥石流、山体滑坡等引起通道环境变化
道路桥梁	巡线道、桥梁损坏等
污染区	出现新的污染源或污染加重等
采动影响区	出现裂纹、塌陷等情况

2. 新技术分析方法——无人机巡检

本文中的案例利用无人机以航空拍摄/录像方式，对输电线路通道进行巡检，重点巡检线路左右两侧 5m 内的房屋建筑、20m 内的树木等。累计全线巡检三遍：第一遍，全线巡检，对线路的基本情况做一个整体扫描，形成基础数据库；第二遍，全线巡检，与第一遍的数据库进行比对，提示并标注出有无新增树木、房屋等；第三遍根据实际需求抽检，巡检结果与实地进行验证，分时期分阶段验证，累计覆盖全线。

第一遍：全线巡检，筛选排查共计 557 处，其中，需要砍伐或修剪的各类树木 247 处；需要拆除的建筑 19 处，其中线路下方 5m 内机井房 8 处、看护房 11 处；不需要拆迁或拆除的建筑 26 处；待定和需要签协议的建筑或树木 21 处；可直接跨越的建筑或树木 244 处。另外，经巡检发现，输电线路下方有少许塑料大棚及铺设塑料薄膜的农田，大风天气时，飘浮在空中的塑料薄膜会对线路正常运行带来安全隐患。建议在季节性大风天气时人工检查并及时清理线下障碍。

第二遍：全线巡检，并与第一遍巡检形成的数据库进行比对，对比结果表明，清障处理进度已完成 82.33%，其中已砍伐树木 204 处，已拆除建筑 15 处。

第三遍：局部巡检，根据实际需求对 52 号基杆塔，21.8km 线路进行抽查。通过对线路架空部分、线树矛盾、违章建筑、施工作业、沿线交跨、地质灾害等情况的排查，所抽验的 52 号基杆塔基础设施及附属设施未发现隐患问题，相邻的电力线路、供电线路、配电线路、通信线路交叉跨越均满足运行要求。

应用结果表明，无人机三遍巡检高效准确地完成巡检工作！

三、应用效果评价

1. 使用成本低

无人机体积小、重量轻、成本低，经过专业培训即可上岗操作，大大缩减了对人工的依赖。

2. 作业效率高

可突破地形、地势限制，到达人员、车辆无法到达的地方进行数据采集，效率是人工走线检测的数十倍。

3. 安全性高

可以避免人工登塔作业、带电作业等可能造成的伤亡。

4. 远距离、无接触

可高效准确地采集相关数据，避免与当地居民、利益相关人发生接触，为后续选址、规划、拆迁、施工等提供基础数据。

5. 地勤保障要求低，机动性强

无人机起降条件和维修保障要求低，且更加灵活。

6. 满足定制化需求

可根据电力行业的需求进行定制化开发，快速提供满足要求的解决方案。

案例四　无人机超视距测控——大尺寸金具均压屏蔽环变形、丢失实例

摘要： 在电力行业中，随着我国西电东送等一大批电网工程的建成投用，大量架空线路在我国广袤的大地上延伸，对于线路的巡检运维工作，无人机是非常合适的工具。应用无人机航拍，可以对架空线路的导地线、绝缘子、金具等设备进行目视检测，既能避免了传统的目视检测必须进行高空作业的情况，也能及时发现设备变形或丢失的问题；在山区等自然条件恶劣的区域，应用无人机航拍巡检，既能大大减轻线路巡查人员的工作强度，也能增强巡线人员的工作安全性。

关键词： 无人机巡检　输电线路　大尺寸金具　均压屏蔽环

所属岗位中类： 电力运维检修技术

所属岗位小类： 输电运检技术

涉及模块： 输电带电作业新技术

涉及知识点： 无人机巡检技术

一、案例简介

2020 年 7 月，无人机班组人员对某 1000kV 线路××号××线导线端金具进行无人机巡视，重点对金具均压屏蔽环、各连接部位销钉缺失情况、螺栓松动情况进行检查。此类设备往往较为细小，连接位置多位于视觉盲区。无论是地面巡视人员利用望远镜设备观察，还是高空检修人员登杆检查，均无法全面排查设备缺陷情况。而无人机通过多角度悬停对重要金具进行重点精确拍照，快速发现了××号××线大号侧导线均压屏蔽

环变形。均压屏蔽环变形会对线路运行造成较大的安全隐患，需要进行恢复，消除缺陷。如下图所示。

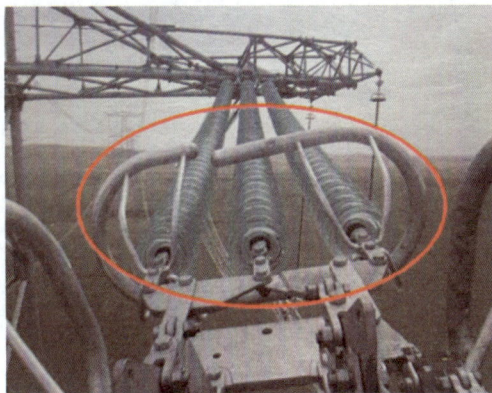

均压屏蔽环变形

二、解决方法

1. 传统分析方法——人工巡检

人工巡检是一种传统的巡检方式，巡检人员行进于线路走廊内，到达杆位后在杆塔下使用望远镜、手持红外检测仪器和摄像机等，自下而上地对杆塔进行巡视，对存在问题的位置进行拍摄。

2. 新技术分析方法——无人机精细化巡检

利用无人机搭载摄像机，利用拍照、录像等方式进行巡检，巡检的主要内容为杆塔本体及附属设施关键部位可见光拍照巡检并提交巡检所发现缺陷及相关报告。

无人机在保证最小安全距离 10m 的情况下，对目标杆塔的输电线路基础设施进行无人机巡检，以无人机的起降点为准，先检测靠近起降点的一侧；在巡检时，先从下至上对中杆塔一侧进行巡检，然后从中杆塔顶部越过，再从上至下巡检。通过无人机对杆塔各个巡检部位进行可见光拍摄，照片像素为 2400 万，最终成像效果能清晰分辨出大尺寸金具均压环细节。

具体的拍摄内容如下：直线塔：塔全貌、塔头、塔身、杆号牌、塔基、绝缘子、绝缘子碗头销、保护金具、铁塔挂点金具、导线线夹、各挂扳、联板等金具、碗头挂板销、地线线夹、接地引下钱连接金具、挂板、小号侧通道、大号侧通道；耐张塔：塔全貌、塔头、塔身、杆号牌、塔基、调整板、挂板等金具、导线耐张线夹、各挂板、联板、防振锤等金具、每片绝缘子表面及连接情况、地线耐张线夹、接地引下钱连接金具、防振锤、挂板、绝缘子碗头销、铁塔挂点金具、碗头挂板销、引流线夹、联板、重锤等金具、引流线、引流线绝缘子、间隔棒、小号侧通道、大号侧通道。

根据架空输电线路实际运行情况并结合不同塔型作业经验，我们将架空输电线路精细化巡检的照片数量划定为：单回路直线塔至少 14 张；单回路耐张塔至少 27 张；双回路直线塔至少 25 张；多回路耐张塔至少 40 张；单回路换位塔至少 30 张；双回路换位塔至少 50 张。

三、应用效果评价

输电线路无人机巡检具有以下六方面明显优势：

1. 搭载摄像头

能够以远超目视检测的精度发现隐藏在线路、线塔、端子等区域的故障。

2. 避免检查盲区

对设备细小部件通过多角度精确拍照，克服了人员地面巡视及登杆检查存在盲区的不足。

3. 减少人工攀登线塔的次数

无人机操作手能够在地面操作无人机在高空对线路进行高清拍摄，以此作为故障排查和检修的依据。

4. 使用方便、成本低

适合对具体区段、局部设备进行快速反应故障巡查使用方便、成本低，能够由检修人员方便的携带至各种任务地域使用。

5. 可空中悬停

无人机采用多轴旋翼结构，能够实现空中悬停，长时间对某些特殊点位进行拍摄。

6. 提高架空线路日常巡检维护的工作效率

无人机能够作为巡检平台集成可见光监视器和红外线成像仪等设备，并结合 GPS 系统实现自动定位、自动返航等操作，并结合相关检测设备对输电线路进行录像和检测，实现在复杂区域自动巡检，替代人工巡检的作用，极大提高架空线路日常巡检维护的工作效率。

随着无人机技术的发展，新型的无人机正朝着长航时、大负重、智能化的方向发展。无人机设备对于架空输电线路日常维护工作有着极大的帮助，利用无人机对线路、电塔等设备进行高清拍摄，能够完全替代传统的高空作业检测。

案例五　无人机超视距测控——配网应用

摘要：我国配网巡检工作压力大，传统的巡检方式存在弊端，为了准确地了解每条配电线路的信息，需要巡检人员深入观察每条线路的状态，工作量大且效率低，并且日常工作中容易出现差错。无人机技术的出现与发展为配网巡检提供了新的方向，与传统巡检方法技术相比具有更显著的优势，已经成为现阶段配网巡检的首选方法。

关键词：无人机巡检　配网　应用

所属岗位中类：城区配电

所属岗位小类：配电线路及设备运检

涉及模块：配电架空线路的常见缺陷

涉及知识点：配电架空线路的常见缺陷

一、案例简介

某地区有一条配电线路，总长度 2463km，其中有变配电所 57 座，周边的地理环境复杂，由于该地区的环境恶劣且线路的建成时间长，因此出现材料设备老化的问题，且风灾、雷击闪络等引发的故障时有发生，严重影响了当地的正常用电。目前该地区的电力维修大队只有 15 名工作人员，负责全部配网巡检工作，其中有很大部分线路途经繁华城区、丘陵区等，导致配网巡检工作存在人力资源不足、工作压力大等问题，尤其是在复杂天气状况下工作压力进一步增加，难以保证正常用电，因此，寻找一种更有效的配网巡检方法已经成为工作人员关注的重点。

二、解决方法

1. 传统分析方法——人工巡检

人工巡检方式是一种传统的巡检方式，每组巡线人员必须自带砍刀、个人工具、巡线记录本、数码相机、笔、手机和望远镜等，到达杆位后在杆塔下使用望远镜、手机、记录本和笔等进行巡检，对存在问题的位置进行拍摄并记录。

2. 新技术分析方法——无人机巡检

（1）无人机的巡视方式。在配网日常巡检过程中，无人机常见的巡视方法包括红外巡视、可见光巡视、激光雷达巡视等，其中可见光巡视是最为常见的巡视方式，通过可见光摄像头拍摄照片甚至拍摄录像，通过无线网络技术直接将配电线路的运行状态传递给工作人员。在这个过程中，无人机巡视的拍照顺序为：根据无人机的前进方向，遵照"先整体后局部""从上到下""从左到右"的顺序对线路进行全面拍摄，确保能够获得线路的详细信息。

在巡视期间，无人机所观察的主要内容是线路本体与附属设施，工作人员也可以根据需求来观察线路通道以及线路外部环境情况，可见无人机的巡视范围很广，满足多种条件下的巡视要求。

（2）无人机的巡视类型。在日常配网巡检中，无人机巡检类型主要可以分为精细化巡视、日常巡视与通道巡视三种，三种巡视方式的具体资料下表所示。

无人机的巡视类型

巡视方式	具体内容阐述
精细化巡视	指无人机携带可见光摄像头、红外热成像仪等同时对线路塔杆的本体、导线以及金具等进行精细化巡视，并保证各项部件都有清晰的照片，除此之外还需要对配电线路进行红外测温，获得更详细的线路信息
日常巡视	通过可见光摄像头对杆塔的连接部位进行巡视，巡视项目与精细化巡视相比显著精简，满足线路日常巡视的要求，具有效率高的优势，主要巡视内容包括杆塔主体、绝缘子、线路走廊以及其他附属设施等
通道巡视	主要通过激光雷达、可见光雷达等对线路通道进行巡视，例如采集线路周边的施工点信息、树障等，但是此时需要注意的是，单方面利用光用照片难以获得详细的数据支持，也不能全面说明问题，例如在树障的拍摄过程中，不同角度图片所能反馈的信息存在差异，所以在条件允许的情况下可以通过激光雷达 3D 扫描的方法做出精准判断

在上述三种巡视方式中，精细化巡视的要求很高，其中在图像的拍摄以及拍摄内容及其精度上都有十分明显的要求；拍摄的主体主要包括线路本体、附属设置以及电力保护区等，在拍摄期间应该保证精度以及照片覆盖度等关键资料质量。

（3）无人机巡视配电线路的特征。在配电线路巡视中无人机具有显著的特征，这是因为配电线路具有绝缘子小、金具小、靠近居民区等，虽然塔杆的高度不高，但是飞行难度要显著高于输电线路，因此在可见光摄像头拍摄期间，由于配电线路的绝缘子小、金具小等，相关部件的精密度高，为了能够获得更加详细图片信息无人机必须要更加靠近对方，这对于人员的操作技能水平提出了更高的要求。

一般在拍摄期间，普遍采用推拉杆的操作方法，使无人机缓慢靠近杆塔设备，将无人机控制在距离拍摄物体约 2.0m～3.0m 左右位置时悬停，并进行拍照。在这个操作下，推拉杆操作的关键就是要把握无人机停住的瞬间与推杆的杆量，这个操作需要具有一定的工作经验才能完成，一般熟练人员能够在根据要求在 3.0m 左右抓拍，甚至更加靠近被拍摄物体。若只巡视线路通道，则在下风侧飞行，与带电体应保持 3m 以上的安全距离，以 7m/s～8m/s 平稳飞行并拍照或录像。

（4）无人机在查找故障中的应用。考虑到配电线路长期暴露在野外，因此不可避免会出现各种故障，针对这种情况就需要发挥无人机的作用，通过无人机来获得完整的视角，减少传统人工模式下的工作量。这一操作的主要优势就是实现多角度拍摄，在详细获得故障线路的图像资料后，工作人员可以根据图像的反馈结果来判断线路的运行状态，并针对故障信息针对性处理故障点，减少了人为工作的压力。

三、应用效果评价

无人机技术解决了传统人工线路巡检的弊端，与传统模式相比，无人机可以更好地满足线路巡检要求，主要表现为：

1. 数据获取率高

针对传统配网巡检技术而言，无人机技术具有较高的数据获取率，不仅可以在短时间内实现数据的获取，缩短数据处理的时间，还可以使相关信息更为清晰地呈现出来，便于后续的数据处理工作的进行。无人机技术在配网巡检中的应用中集合了数据通信技术、GPS 定位技术、遥测遥控技术等多种测量技术，这些技术都解放了大量人力，利用自动化的控制系统就可以进行无人机的控制，突破了传统配网巡检的局限性，使用范围大，灵活便捷，使得巡检工程的数据采集效率更高，降低成本，带来更多的社会经济效益。

2. 响应能力快

一般情况下，无人机技术在配网巡检中的应用大都采用低空飞行的工作形式，这种形式下的测量具有明显的优势。首先，空域申请方便；其次，不易受到天气状况的影响；最后，不需要设置专门的起飞降落场地。在无人机实际测量过程中只需要平整的路面就可以完成起飞和降落的工作。不同于传统的飞机需要大量的时间来进行准备飞行工作，无人机的起飞准备工作只需要 15min 就可以完成，一定程度上为配网巡检过程省去了大量时间。此外，通常情况下，无人机内部会装车载系统，这一系统可以让无人机的测量结果更具针对性。

3. 经济效益高

传统的配网巡检技术中需要耗费大量的人力、物力，还不一定能够取得较好的巡检效果，给企业带来严重的经济损失，但利用无人机技术就可以很好地解决这一问题。该技术成本较低，在实际巡检过程中也不需要大量的人力，只需要几名操作人员就可进行巡检工作。该技术能够重复使用，不会局限于场地的限制。此外，由于技术中融合了现代化的通信、网络、计算机技术等，在测量结果的获得上具有较高的准确性和实效性。因此，也能够避免测量误差给工程的周期和经济效益带来不良影响，提高了配网巡检工程的效率。

无人机技术的出现进一步提高了配网巡检能力，因此对于工作人员而言，应该充分认识到无人机技术的优势，通过完善无人机的应用路径与方法，积极发挥无人机的技术优势，这样才能更好地适应未来线路巡检要求，值得关注。

案例六　无人机超视距测控——雷击故障点查找

摘要： 在实际输电线路运行过程中，其运行安全受到各种因素的干扰，如雷击。设备导线在运行的时候，由于外在原因发生断股和散股，任何一种因素都会对输电线路的导地线运行安全造成不同程度的影响，同时还会引发严重的事故，影响人们的正常生产生活。因此作为电力企业，需要做好导地线路运行维护管理工作，针对导地线定期开展检修和维护，并积极采取有效的措施来保障整体输电线路运行安全及可靠性，确保电能的稳定和高质量供应。

关键词： 导地线　雷击　故障分析　处理措施

所属岗位中类： 电力运维检修技术

所属岗位小类： 输电运检技术

涉及模块： 输电带电作业新技术

涉及知识点： 无人机巡检技术

一、案例简介

2020年5月，500kV某某一回故障跳闸，重合闸成功。故障测距位置周边多为湖泊、河塘，故障巡视及登杆检查效率低下。为快速查明故障点，无人机巡检班对故障区段杆塔进行了空中拍照检查，仅历时2h就在39号杆塔处发现放电痕迹，分析确认为雷击故障点，较往常需要耗费大量人力、物力和时间，效率得以大幅提升。

故障点图

二、解决方法

一般来说，悬垂绝缘子串雷击放电后，横担侧与导线侧绝缘子烧伤最为严重，且横担侧挂点金具之间的连接点会有烧伤痕迹，悬垂线夹或导线有明显的放电痕迹，若安装有均压环，则均压环上有明显的烧伤痕迹。耐张杆塔若无跳线串，一般直线烧伤横担侧若干绝缘子后对跳线放电，若跳线弧垂过大也可能沿绝缘子串放电。而这些部位均受视角的限制。

1. 传统分析方法——人工巡检

人工巡检是一种传统的巡检方式，一旦发生线路跳闸，线路巡视人员需对线路进行全线巡视以查找故障点，但对于雷击故障点，雷击的发生地点是不确定的，人工很难在地面通过高倍望远镜巡视发现。即便是人工登塔检查，也只能对杆塔侧绝缘子串或金具进行有效检查，对剩余部位依旧存在盲区。为查明线路雷击缺陷点，运行人员往往要翻山越岭逐基检查杆塔，少则十几基，多则几十基，工作量十分巨大。

2. 新技术分析方法——无人机巡检

采用无人机巡检系统巡视：利用无人机技术点进行雷电故障点的查找，主要是依靠无人机巡检系统进行开展，而无人机巡检系统通常由无人机、地面站、通信设备、机载设备四大部分组成，该系统的应用主要是在无人机的机体上配备相应的相机或摄影机，根据地面站所发出的遥控信息指令，来对输电线路遭受雷击的重点部位进行拍照取样。

无人机输电线路巡检查找雷击故障点：利用无人机技术进行输电线路的巡检，能够进行高空检查采集作业，通过摄像机及红外摄像仪等检测设备进行单塔、单档距巡视，能够发现人工无法发现的微小痕迹，并能够在山区等特定地理环境下找出雷击故障点。

三、应用效果评价

无人机在电力系统中输电线路的巡视中有着很大的意义。

1. 无人机巡视的信息采集比较全面、深入

在高空作业的过程中，无人机能够全方位，多角度进行巡视。而且巡视的程度要比人工巡视要深入，比如说，在输电线路中有某一处的故障，可以通过无人机巡视，通过频率等测定具体的位置，有一定的准确性。

2. 无人机巡视能够突破局限

比较有代表性的就是恶劣环境条件下的巡视过程，人工巡视无法操作的时候，利用无人机能够更好地进行高空作业，避免了很多的问题。对于一些特殊位置点的巡视，无人机都能够起到很好的作用，比如金具连接情况、连接部位的磨损情况进行检查，也能对雷击故障点进行查找。

3. 降低了电力部门整体巡检成本

电力部门进行巡检的时候需要动用不小的人力物力财力，整个巡检过程中不仅仅应用重机械等，还有巡查不同部件的相关零件，另外，因为人工线路巡检需要很大的工作范围，范围越大，需要高空架线的长度和要求就越来越多，所以，造成的人工巡检费就越来越高。

4. 巡检过程中工作效率很高

每次飞行时间可达 1h，每小时巡线 30km，每飞 4 个架次相当于出动 30 名巡线员一整天的工作量，不受地理环境的限制。在巡视的过程中，无人机可以自动优化线路，起到提升巡视效率的作用，与人工巡检相比还节省了大量的工作时间。

5. 无人机巡查结果更客观

在长期的巡视工作中，人工巡检不可避免会受到人的心理和生理因素的影响，从而导致了巡视的质量不合格。利用无人机进行巡视不存在心理和生理因素影响，所以有客观的优势，一旦出现问题，政府也会以此为标准进行问题排查，增加对输电线路问题的重视程度。

案例七 无人机拓展应用——线路
鸟害巡检与驱逐

摘要： 近年来，随着生态环境的改善和人们对野生动物的保护意识增强，鸟类活动更加频繁，由于鸟类活动而引起的架空输电线路故障次数也有明显上升，当鸟类在线路上排便、筑巢、飞行、鸟啄等活动时，引起输电设备损坏或造成线路跳闸、故障停运，称之为鸟害。架空输电线路鸟害事故已成为影响输电线路安全运行的重大隐患之一，其影响程度仅次于雷电活动与外力破坏，越来越引起国内外电力部门的重视。

关键词： 无人机巡检　鸟害巡检　驱逐

所属岗位中类： 电力运维检修技术

所属岗位小类： 输电运检技术

涉及模块： 输电带电作业新技术

涉及知识点： 无人机巡检技术

一、案例简介

2020 年 8 月，夏秋季节交替时节，斑鸠等鸟类开始在一些电力杆塔上筑巢垒窝，110kV ××线无人机精细化巡检过程中，无人机班组人员杨某某、罗某某在使用多旋翼无人机对杆塔进行可见光拍摄，经过对无人机巡检照片分析发现××号塔多处绝缘子上有鸟粪痕迹，需加强鸟类驱逐措施。

无人机鸟害巡检

二、解决方法

1. 传统解决方法——风力反光驱鸟器

传统风力反光驱鸟器由于采用风力作为驱动力带动风碗转动，这样会造成当风力不足时，风碗的转动速度降低，不足以使鸟类产生足够恐惧感，降低驱鸟效果。

2. 新技术解决方法——无人机超声波驱鸟

对于驱鸟方面的应用，将无人机系统和现有的超声波驱鸟技术有机结合，让六旋翼无人机挂载超声波驱鸟器，按照空域要求通过遥控或者预编程方式进行固定航线的巡逻飞行，驱鸟器发出特殊频率的声音对鸟类形成听觉受刺激，无人机形成视觉刺激，再通过超声波设备无数次反射方式传播把鸟群驱赶出核心飞行区域。机载的超声波驱鸟设备、高清摄像头可以实现具有高空驱鸟、鸟情监测、自动返航等功能。

无人机超声波驱散器的特点和原理如下：

超声波驱鸟器内置微电脑，由微电脑产生超声波，超声波有三种不同的频率范围选择，每种频率范围里面，又包含了多个频率，通过内置的功率放大器把超声波放大后，干扰刺激鸟兽类等动物的神经系统、生理系统，使其生理紊乱，以达到驱赶目的。

内置红外线探测功能，红外线探测到有鸟兽类或者其他动物靠近，自动发射超声波进行驱赶。

内置大功率超声波喇叭，可以360°角发射超声波。

内置定时器，可选择每隔一段时间（如20s或5min）重复发射超声波，重复发射可使鸟兽类等动物多次受到惊吓，不敢靠近，久而久之将远离不再返回。

三、应用效果评价

1. 驱鸟具有前瞻性

可以结合鸟类迁徙的习性与筑巢的条件，在筑巢前期利用无人机开展鸟类驱赶巡检作业，在筑巢后期开展防鸟害监控巡检，实时掌握存在鸟害区段线路的运行状况，进而实施更有针对性的驱赶工作措施，对该区域的架空输电线路的运行安全性进行更好的保障。

2. 驱鸟效果明显

运用无人机开展驱鸟活动，可有效减少空中驱鸟盲区，进而可有效弥补传统输电线路上驱鸟设备的不足，成为一种强有力的新兴驱鸟手段。随着无人机系统在智能化、可靠性上的提升，将智能无人机与传统驱鸟手段相结合对输电线路领域实施驱鸟活动，将扩展驱鸟空间，减少驱鸟盲点，为输电线路驱鸟这一难题的解决提供一条有效路径。

案例八 无人机拓展应用——线路红外测温

摘要：社会经济发展带动了电力发展，在电力系统运行过程中，输电线路常常会产生一些故障，所以电力部门应当增加对输电线路检测的力度，提升输电线路的稳定性和安全性。以现阶段检测技术水平来说，无人机搭载红外测温技术非常适合使用在输电线路检修中。

关键词：无人机巡检　无人机搭载　红外测温技术

所属岗位中类：电力运维检修技术

所属岗位小类：输电运检技术

涉及模块：输电带电作业新技术

涉及知识点：无人机巡检技术

一、案例简介

某 1000kV 特高压变电站出线较多，受附近地形影响，周边耐张塔较多。2021 年 5 月，无人机班组利用无人机搭载红外设备吊舱，对耐张杆塔接点开展了集中红外测温，如下图所示。由于无人机测控距离超过了 5km，因此通过一次起降，顺利完成了 3 基 1000kV 线路耐张杆塔、5 基 500kV 单回路线路耐张杆塔、5 基 500kV 双回路线路耐张杆塔的红外测温工作。

无人机对耐张杆塔集中红外测温

二、解决方法

1. 传统解决方法——人工地面巡检手持式红外测温仪

人工巡检是一种传统的巡检方式，巡检人员行进于线路走廊内，到达杆位后在杆塔下使用红外测温仪进行测试，红外测温工作一般需要两人开展，一人测温，一人记录。

测温人调试好测温仪后，对准被测物体调整红外镜头的焦距直至画面清晰，扫描物体，发现温度异常点后，走近物体。再对准温度异常点，调整焦距直至画面清晰，然后重点检测并拍照。如果测温仪处于虚焦状态，测量结果将会错误。如果温度发生较大变化时，应对测温仪重新进行温度校准。

测温人报出检测数据，记录人填写在记录本上。填写完成后，测量人员收拾好工具，去下一个测量现场。

2. 新技术解决方法——无人机红外测温

通常来说，输电线路设备有线夹、持续管以及补修管等。而输电线路设备物体温度超过绝对零度的设备时，就会对四周超标。因此可以使用无人机红外测温法，红外测温仪是很常见的一种测温设备，在无人机搭载红外测温技术之中有应用需求。红外体温计重量与体积不大，方便携带，同时成本很低，在运用的时候非常方便，具有很高的使用意义。基本原理如下：

首先，无人机搭载红外测温，配合无人机光电技术、数据与图像处理，显现在地面站的控制显示屏中，经过各种各样的颜色来反映各种温度。可以在短时间内发现输电线路出现过热的具体位置，从而保证输电线路设备稳定且安全的运行。

其次，使用无人直升机任务吊舱。吊舱可以攻克飞行姿态变化以及飞行过程中振动对于传感器所带来的干扰，得到优质的红外图像与清晰度极高的可见光图像。球形构造采用若干陀螺保证稳定，同时搭载 1 台数码摄像机和 1 台红外热像设备。

最后，吊舱系统配置了 1 台硬盘录像机、1 个笔记本和专业红外分析软件，能够在线保存红外热图与开展红外热图分析。而红外热图分析不仅能够进行在线分析，与此同时还能够进行离线分析。

三、应用效果评价

1. 巡检效率高

在输电线路设备检测中，不定期开展红外测温，能够在第一时间发现发热的部件。一些输电线路段位于山区，交通环境恶劣，给红外测温工作带来了很大的麻烦。再者，线路本身带电，红外测温人员较少有条件进行登塔测温，大部分是手拿红外仪在地面展开测温，塔头部位的构件与绝缘子等由于位置较高，难以正确测量进而导致线路设备产生了故障，而无人机搭载红外测温工作效率和手持红外仪相比而言，无人机搭载红外测温效率更高。

2. 测温范围大

利用无人机搭载红外设备吊舱，由于无人机测控距离超过了 5km，因此通过一次起降，顺利完成了 3 基 1000kV 线路耐张杆塔、5 基 500kV 单回路线路耐张杆塔、5 基 500kV 双回路线路耐张杆塔的红外测温工作，实现了单次大范围红外测温。

3. 可连续段内红外测温排查绝缘子隐患

目前，合成绝缘子断串隐患、瓷质绝缘子零值或低值隐患已对设备安全构成较大影响，以往常通过合成绝缘子憎水性测试及拆除后送检、瓷质绝缘子登杆逐片摇测、地面人工红外测温等手段进行检查，存在检测手段复杂、红外测温效率低下、零值检测不全或不准等情况。为此，在合成绝缘子缺陷判断和瓷质绝缘子低值/零值检测中引入了无人机红外测温手段，可对 5km 段内杆塔逐基进行检测，提高了工作效率和质量。

案例九　无人机拓展应用——
开展憎水性试验

摘要： 传统的绝缘子憎水性检测采用人工带电作业方式，不仅耗时费力，而且存在一定的安全隐患，可利用旋翼无人机搭载的电动喷水装置、GoPro 微型数码摄像机和图像传输设备，对输电线路绝缘子进行喷水、拍摄、图像传输等高空操作；然后在地面站通过图像处理软件分析绝缘子憎水性等级。

关键词： 无人机巡检　绝缘子　憎水性

所属岗位中类： 电力运维检修技术

所属岗位小类： 输电运检技术

涉及模块： 输电带电作业新技术

涉及知识点： 无人机巡检技术

一、案例简介

2020 年 12 月，无人机班组人员杨某某、罗某某在使用多旋翼无人机对杆塔进行可见光拍摄，经过对无人机巡检照片分析发现××号塔多处绝缘子被灰尘等污秽物所污染。若遇上湿润气候，绝缘子表面由于附着大量污秽物，会导致闪络电压降低，甚至在额定工作电压下都会发生闪络，使电网的安全运行受到很大的影响。因此必须检查输电线路绝缘子表面的污秽情况，并对污秽进行清除。经研究发现，绝缘子表面的污垢状况与其憎水性存在一定的相关性，因此可以根据绝缘子的憎水性强弱来判断其表面附着污垢的程度。

二、解决方法

1. 传统解决方法——人工登塔对绝缘子进行喷水试验

采用人工方式检测绝缘子憎水性，需要由人爬上铁塔对绝缘子进行喷水试验，然后进行图像采集，最后将采集的照片进行图像处理，判断绝缘子的憎水性等级。这种方式费时费力，检测效率很低，也会因人为因素无法找到污秽的绝缘子。

2. 新技术解决方法——无人机开展憎水性试验

近年来，无人机技术在电网运维中得到了广泛的应用，为无人机应用于绝缘子憎水性试验提供了可能。无人机利用憎水性试验装置对输电线路绝缘子进行憎水性测试，不仅节省人力，而且可提高检测效率。

使用无人机平台来代替人工攀爬操作，检测效率和安全性会更高。使用多旋翼无人机，并装载有遥控电动喷水装置、图像拍摄装置和图像传输设备。首先无人机靠近绝缘子周围，并由电动喷水装置进行喷水操作；然后图像拍摄装置对绝缘子表面进行实时拍摄，并通过图像传输设备将图像传回地面站；最后地面站软件对拍摄的照片进行处理，判断憎水性等级。

利用无人机对绝缘子进行憎水性测试，主要采取塔上和地面相结合的工作方式。测试工作共需要 2 名工作人员，一名工作人员操作无人机靠近绝缘子，并通过地面站的监视器观察绝缘子与无人机的相对位置，实时调整无人机的位置；当无人机处于合适的位置时，拨动喷水开关，遥控电动喷水装置对绝缘子进行喷水测试。具体喷水方法是：喷水装置的喷头距离绝缘子表面 1～2m 时，拨动喷水装置的控制开关，每 2～3s 拨动 1 次，间断性拨动 5～10 次。在喷水过程中，另一名工作人员在地面站对无人机图像传输设备传回来的图像进行处理，通过图像处理软件分析绝缘子的憎水性等级。

三、应用效果评价

1. 安全性高

人工方式检测绝缘子憎水性，需要由人爬上铁塔对绝缘子进行喷水试验及图像采集，作业人员存在安全问题。使用无人机平台来代替人工攀爬操作，并装载遥控电动喷水装置、图像拍摄装置和图像传输设备，安全性会更高。

2. 检测效率高

人工登塔对绝缘子进行喷水试验，登杆塔进行试验效率低，使用无人机开展憎水性试验，由无人机靠近绝缘子周围，并由电动喷水装置进行喷水操作；然后图像拍摄装置对绝缘子表面进行实时拍摄，并通过图像传输设备将图像传回地面站；最后地面站软件对拍摄的照片进行处理，判断憎水性等级，一气呵成，免除人工巡视的一系列繁杂过程，提高了检测效率。

3. 无人机更方便灵活

传统人工巡检所需要携带的工器具多、重量大、不易携带，与传统巡检作业方式相比，无人机轻巧、体积小，携带方便；起降方便、姿态稳定，能远程遥控控制、操作灵活。

案例十 无人机创新应用——灭火装置实例

摘要： 无人机具有无人特性、机动灵巧、视野全面、可搭载设备等优势，可滞留在高湿、高温的火场上空或抵达消防员难以深入的区域，持续监视灾情，传输火场信息，提供通信保障，投送救援物资等，对调度指挥、灭火作战、应急救援具有重要的支撑作用。

关键词： 无人机巡检 输电线路 灭火装置 技术应用

所属岗位中类： 电力运维检修技术

所属岗位小类： 输电运检技术

涉及模块： 输电带电作业新技术

涉及知识点： 无人机防灾减灾技术

一、案例简介

2020 年 7 月，因天气炎热、干燥，某特高压交直流输电线路发生山火，因山火发生了跳闸和闭锁停运事件！近年来因山火发生了多起跳闸和闭锁停运事件，山火已成为严重威胁大电网的安全运行和社会正常供电新的热点问题。对输电线路山火开展灭火，是避免山火蔓延引起线路跳闸的有效治理手段。

二、解决方法

1. 传统分析方法——载人直升机灭火

输电线路山火现场交通环境恶劣，尤其是特高压输电线路所处的崇山峻岭高度远大于 100m，荆棘茂盛，无行走道路，人员到达火场时间长，影响山火处置的及时性。载人直升机灭火技术在森林火灾扑救得到应用，但因为直升机价格高达数千万元，飞行成本高，并且飞行审批严格，加之电网山火点多面积小，直升机吊桶投洒灭火的水剂利用率低；且喷洒液体宽度大，易造成输电线路相间跳闸。诸多不利因素限制其在输电线路防山火中的应用。

2. 新技术分析方法——灭火无人机

目前普遍应用的灭火无人机是在机身装载一定数量的灭火弹，在发现小面积火灾时，无人机驾驶员遥控无人机到达火灾现场，向火源处发射灭火弹，该灭火弹为干粉灭火弹，弹内充装的是磷酸铵盐干粉灭火剂。它是一种用于灭火的干燥且易于流动的微细粉末，由具有灭火效能的无机盐和少量的添加剂经干燥、粉碎、混合而成微细固体粉末组成。该灭火弹一是靠干粉中的无机盐的挥发性分解物，与燃烧过程中燃料所产生的自由基或活性基团发生化学抑制和副催化作用，使燃烧的链反应中断而灭火；二是靠干粉的粉末落在可燃物表面外，发生化学反应，并在高温作用下形成一层玻璃状覆盖层，从而隔绝氧，进而窒息灭火。无人机驾驶员操纵无人机发射灭火弹后，灭火弹遇火爆炸，干粉铺设范围广，有效的阻断了山火的蔓延，及时消除了山火。避免了输电线路跳闸的发生，保障了电网的安全可靠运行。

灭火无人机搭载灭火弹

三、应用效果评价

1. 体积小、操作维护简单

无人机体积小、重量轻，整机的机械结构连接件少，结构简单，无论是在保养还是在维修中，都十分简单，便于直观地查看各个零部件，可以随时拆卸、更换损坏或者存在故障的零件。同时，无人机的体积很小，可以垂直起落，对起飞环境的要求不高，并且不需要专用的跑道等，操作过程十分简单，容易上手，并且可以利用机身携带的传感器以及监控系统等，准确躲避障碍物，在遇到危险区域以及恶劣天气时，也可以及时反馈信息，辅助操作者驾驶无人机。

2. 动作灵活、机动性好

无人机的技术已经十分成熟，主要包括半自主控制模式和完全自主控制模式，可以根据使用需求手动设置无人机飞行高度和速度等，有需要的时候可以实现悬停。由于无人机的体积小、质量轻，受到环境的干扰比较小，可以在多种复杂的地形环境中使用，动作灵活，完成现场跟踪或者拍摄工作。另外，在灭火救援中使用无人机，可以在发现火情以后，快速出发，直接飞达火灾现场，具有很好的机动性，可以在第一时间获得火灾信息，为消防灭火救援指挥提供准确侦察数据，便于做出准确决策。

3. 超低空飞行、智能化控制

无人机可以进行超低空飞行，并且实现智能化控制，在发生火灾时，在大型设备无法到达火灾邻近点，火灾现场实情又不是特别明朗的时候，救援人员不能盲目进入火场，可以使用无人机代替灭火救援队员进入火场，使用携带的摄像头将火场的实际情况反馈到指挥部或者指挥车上，为消防灭火救援方案制定提供必要依据。另外，无人机的拍摄视野范围十分广，可以实现360°的拍摄旋转，对火灾现场的整体情况进行全面、清晰的呈现，帮助消防灭火救援人员更好地掌握火场情况，提高救援效率。

无人机在消防灭火救援中的应用起到了良好辅助效果，可以凭借其体积小、操作维护简单、飞行高度低、机动性强、智能化操作等优势，从根本上提高消防救援的效率。在山火发生初期能及时遏止蔓延势头；在辅助救援、火灾监控、火灾现场侦察、辅助灭火等救援任务中也获得良好应用，为消防灭火救援队员提供必要的技术支持与保障，确保灭火救援工作顺利开展。

案例十一 无人机创新应用——反制装置

摘要：国家电网作为主要电力生产企业、极易成为恐怖分子的袭击目标，属于重点防范对象，反恐任务重、责任大。并且随着具有强大功能的消费级无人机价格不断降低，操作简便性不断提高，无人机正快速地从尖端的军用设备转入大众市场，功能越来越先进的新式无人机的不断涌现，也带来了安全和隐私方面的忧患。本案例就从无人机入侵角度谈谈无人机反制系统的建设必要性，所谓无人机反制装置即反无人机系统，反无人机装置是指对无人机进行侦测、识别、干扰、诱骗、控制甚至摧毁的一种装置。

关键词：无人机　反制装置　应用

所属岗位中类：电力运维检修技术

所属岗位小类：输电运检技术

涉及模块：输电带电作业新技术

涉及知识点：无人机技术

一、案例简介

5月1日13时30分，正在巡站的××突然听到一阵嗡嗡声，他眯起眼睛仔细辨认，确认是一架无人机在变电站的设备区来回飞行。暂时无法判断"入侵者"的目的，但为了避免影响设备的安全运行，××迅速向当地警方报案，并取出站内的反无人机装置，启动反无人机装置的迫降模式，对准入侵无人机的飞行方向发射干扰波。经过多次"射击"，无人机成功迫降在站内安全位置。电网设备和变电站是一个国家的重要设施，其安全警备程度丝毫不亚于一个战区司令部。电力设备安全系统关系到社会的稳定、国家的安全，如果不把它保护好，造成的后果恐怕谁也承担不起。750kV 变电站的工作环境很容易导致无人机失控，失控无人机一旦接触到高压输电线路，就有可能导致跳闸，击中电网设备的后果极其严重。

上述案例只是普通无人机无意间造成的安全威胁，但近年来国际国内恐怖活动活跃，重大恶性恐怖事件频繁发生，电网设施作为主要电力设备，可靠供电关系着社会的稳定，极易成为恐怖分子的袭击目标，所以电网设施属于重点防范对象，反恐任务重、责任大。所以开关站和变电站的配备无人机反制系统尤为必要，在新的技术不断更新趋势下，对于电力设施，每个国家都应该在周围部署大量先进武器，对无人机实时监管、预警，并加强日常的管理规范。

二、解决方法

无人机反制系统通过雷达、无线电等方式自动检测无人机方位，跟踪锁定后干扰无人机的数据链路和定位系统并切断无人机与遥控器之间的通信和导航，从而迫使无人机自动降落或将其驱离，保障低空空域安全。

1. 无人机反制技术的种类

（1）干扰阻断。

1）电磁干扰：可以有效地阻断无人机和控制台站之间的通信，切断无人机的遥控信号以及数传、图传信号，达到对无人机的迫降或者驱离的目的。电磁干扰定向或者全向干扰，能有效地处理作用距离内的多架次无人机。

2）导航信号干扰：无人机一般利用卫星导航定位系统对自身进行定位，通过实施导航信号干扰可以导致无人机无法精准定位，从而影响无人机的飞控系统，限制无人机的飞行。

（2）监测控制。

1）导航信号诱骗：通过发射虚假的导航卫星信号来"欺骗迷惑"无人机，让无人机误认为自己的目标是系统预设的虚假位置。由于无人机接收到的卫星导航信号较微弱，系统只需要很小的发射功率即可实现对无人机的诱骗效果。

2）无线电信号劫持：先破解无人机信号的通信协议，然后向无人机发送信号更强的控制信号，从而控制无人机。

3）拦截捕获：从地面或从空中拦截捕获，主要使用发射枪弹发射捕捉网，或者采用大型无人机来捕捉小型无人机。

2. 无人机反制的 5 个阶段

（1）预警探测阶段：发现低慢小目标、侦察和定位弱辐射源信息、发现目标声音、获取前期情报。

（2）警戒识别阶段：辨识低慢小目标、定位和情报生成弱辐射源、识别目标声音、关联光电、雷达目标。

（3）处置决策阶段：指挥控制无人机反制、自动发送目标、人工智能辅助决策无人机反制。

（4）防御实施阶段：硬打击无人机武器、软打击无人机电子干扰、伪装欺骗无人机任务载荷。

（5）效能评估阶段：显示无人机反制后多维度毁伤效果。

当然，针对不同特点的无人机，反无人机方式也需要灵活选择，提升效果。譬如对"飞得低、飞得慢，体型小"的无人机，可以利用低空补盲雷达、光电探测装备、无线电侦测装备等反无人机力量；如果敌方无人机可以高空中长时间探测，则可综合运用天基探测平台、地基远程预警雷达等反无人机力量。此外，反击措施需根据实际状况随时调整，力争高精度、高强度打击，使敌方无人机目标被摧毁或丧失功能。

三、应用效果评价

反制无人机系统是目前针对越来越多的智能化无人机设计出来的一种防御系统，可以有效地对无人机进行防御与反制。这种系统也具备着多方面的优势。通过采用认知无线电协议破解技术，不仅可以精确定位入侵无人机位置、区分敌我无人机，还可以对入侵无人机进行精确打击驱离，实现全自动无人值守及 360°无死角侦测。其精确侦测的覆盖范围在半径 2km 内，精确打击（促使其迫降或返航）范围为半径 1km，包含了变电站内设备的全部范围。在保护区域形成的防护范围内，无人机反制系统不发射任何电器信号，也不会暴露位置信息，防护范围内的无人机无法起飞，范围外的无人机无法进入。具体优势如下：

1. 类似上述无人机反制系统引进价格较低

电力部门的无人机班组人员操控无人机反制装置，就可以很有效地杜绝外来事物地入侵，实现有效防御经济实用。

2. 此类反制系统便于维护

依托研发团队就可以进行远程 24h 的随时维护与升级操作，根据无人机的变化不断进行全新升级，从而使得该反制系统能够重复长期使用。

3. 无人机跟踪光电的自动智能化功用强大

它能够快速地响应各种指令，并在最短的时间里，对于无人机的相应信号做出识别与反制。

4. 反制无人机系统可以全自动操作

目前一些无人值守的工作岗位，都可以通过无人机进行自动防御与打击，做到全天24h无漏洞、全年无休。

5. 可快速对机型型号识别

目前的无人机都是按照信息化序号记录可以快速地进行机型型号的识别。

6. 精准打击

无人机跟踪光电反制无人机系统可以有效地区分出敌我无人机，可以设定黑名单、白名单，对于目标的瞄准更为准确，做到精准打击，省心省力。

总之，反制无人机系统是切实有效的反制防御系统，它可以做到全自动、多频段、全方位的效果，提供实时监测，想变换角度或更换频段也都非常方便。

案例十二　无人机创新应用——
指挥车线路巡检

摘要： 输电线路无人机巡检具有受地形限制小、巡检效率高、塔头巡检效果好、可快速部署、巡检成本低、操作简单等优点，可在巡检范围、内容和频次上对人工、直升机巡检进行有效补充。即便如此，无人机巡检仍然存在一些不可避免的问题，所以本分析就从无人机巡检的缺陷入手，分析在此背景下无人机指挥车巡检的工作原理和优势以及对其的思考。

关键词： 运输线路巡检　无人机指挥车巡检　优势

所属岗位中类： 电力运维检修技术

所属岗位小类： 输电运检技术

涉及模块： 输电带电作业新技术

涉及知识点： 无人机巡检技术

一、案例简介

国网宁夏检修公司负责宁夏全境中近 3000km 高压输电线路的维护工作，多年的无人机巡检经验发现，通过无人机巡检，可以减少工作人员的负担，提高输电线路巡检的效率和质量，对线路的运行情况进行准确、全面地检查。在无人机技术快速发展的带动下，巡检的运行成本将会不断降低，无人机全线路日常巡视成为可能，能够切实保证输电线路的运行安全。但是目前无人机在线路应用中仍存在以下痛点：

（1）无人机控制模式单一，多采用"一人一控一机"作业模式。

（2）无人机存在续航时间、作业半径、信号强度、定位精准度等自身限制因素，操作人员的个人技术水平、应急处置能力、超视距飞行心理素质、线路巡检实践经验等人员因素，都将影响无人机在输电线路运维工作中的质效。

（3）目前无人机放飞与回收、任务上传下达、数据回收分析，目前多主要依靠人工进行，智能化控制水平有待进一步提高。

二、解决方法

2019 年，国网宁夏检修公司和宁夏超高压电力工程有限公司提出"无人机航母"通信指挥车概念，并携手国内相关企业进行联合攻关，并于 2021 年 5 月取得成功，研制出实物产品。

无人机模块化通信指挥车以移动巡检车为载体，在车内布置用于数据传输和数据链搭建的自组网设备（4G/5G），布置无人机装备相关的无人机智能化巡检系统、高精度定位系统移动基站、无人机存储模块、无人机升降模块、无人机电源系统等，配备一整套具备任务下发、任务执行、多机多任务协同巡检、数据回传、数据处理等功能的软件系统，形成完整的移动式无人机智能巡检成套装备。

1. 平台层

平台层由无人机巡检业务平台进行所有相关无人机巡检数据、任务数据、航迹规划数据等各类型数据的综合管理、搜集整理、数据存储功能，并具有任务规划、任务下发、多机协同控制、数据展示等业务功能。所有的无人机任务指令及工单信息均由平台层进行统一下发，任务安排。

2. 传输层

传输层通过自组网技术搭建整个系统的数据传输和数据交互，将后台平台、无人机、单兵终端进行联通，完成数据交互。同时所有实时回传的数据可在终端进行数据初步汇总处理，并形成阶段性数据成果，再进行后续的数据成果上传和任务数据上传。如：无人机采集完成的照片数据等，可在车载电脑上进行数据处理，完成数据处理结果之后，再进行数据传输。

3. 采集层

最终的采集层，采用针对电力巡检需求的智能无人机巡检系统，进行数据采集和任务执行，获取各类巡检相关数据。一般采用具有自主精细化巡检功能的 RTK 多旋翼无人机机型，可适用于各类输电巡检任务。作业时，移动机场抵达在户外无人机作业区域附近，操作人员可规划好路线，一键起飞即可开始无人机全自动飞行作业。无人机自动起飞，全自主巡逻、巡检作业，自动进行拍摄作业和巡检数据处理；飞行过程中，远程指挥中心可以实时显示无人机巡检画面，操作人员可以远程对作业过程进行监控和指挥。无人机完成作业后，自动返航，在起降平台上实现精准降落。无人机在机场内可以进行数据传输，移动机场具备 AI 识别和数据处理功能。

三、应用效果评价

1. 集群式无人机控制与收放

基于便携式多无人机收放逻辑控制，通过多无人机控制车与机巢便携式集成，实现 5 架次以上的多无人机集群式出动与顺序回收；基于集群式无人机编队组网技术，实现多台无人机受控自组网编队飞行。

2. 智能图像分析、智能排障、批量命名、批量任务送达

基于无人机图像数据分析、排障智能逻辑技术，使无人机具备一定可在现场进行数据实时处理和预览能力，判断任务效果及可能的问题隐患，第一时间进行任务结果评估和相应后续工作安排；基于照片批量命名技术，实现巡检过程照片高效命名，将单次命名时间压缩至原来 10%。基于批量任务送达逻辑，实现 10 条以上任务同时处理，有效提升作业效率。

3. 多平台智能移动指挥车解决充换电难题

基于起降平台换电轮臂技术和无人机归位技术，对起降平台设计实现无人机自动换电、换无人机。最大程度利用车内空间，解决人工换电时间和操作步骤，真正做到无人机全自动巡检，大大提升无人机巡检自动化、智能化程度。

4. 软件程序智慧算法引导无人机精准有序起降

无人机通过杆塔距离、飞行的速度，自动生成起降顺序，将航线导入控制系统，通过计算车与杆塔的距离，计算无人机巡检总时间，软件程序排序算法判断无人机飞行顺序及起飞间隔时间，实现无人机依次有序降落。解决困扰业内无人机指挥车的关键起降顺序问题。

5. 车载激光异物清障

现场通过无人机发现异物，可第一时间在车内利用遥感控制器控制激光清障仪从车侧面自动伸出车外，在地面站瞄准发射对异物进行及时清除。

6. 自组网传输方式

指挥车通过线路杆塔部署的自主网基站进行搭桥式网络传输，其传输速率、传输距

离及信号稳定性都能得到有效保障，经济性也比传统 4G 网络要节省很多。

7. 一体化管控平台设计理念

本项目一体化管控平台属于整个无人机巡检体系的大脑中枢，其各模块功能完全根据现场一线人员及管理人员意见收集反馈进行开发，在体现实用性的同时，整体界面的设计风格加入了更多特效、科技感和一些人性化设置。

案例十三　灾害应用——
覆冰勘测实例

摘要： 运输线路导线覆冰是一种常见的自然现象，当气温降低至 0℃ 以下，同时空气湿度超过 90，现场风速达到 0～10m/s 时，电线和杆塔表面就会裹上一层或薄或厚的冰壳。若低温高湿天气持续时间过长，则线路上的覆冰厚度会不断增加，最终因覆冰重量过重而导致一系列的导线断裂和杆塔倾倒的冰灾事故，造成重大的经济损失和严重的社会影响，随着我国经济的快速发展，对电能的需求越来越旺盛，相应的电力工程建设也在不断加强。人工操作的维护模式已经不能满足社会对电力方面安全操作和维护的需要。针对传统的输电线路人工巡视存在安全及效率方面的不足，引入多旋翼无人机测量电力线路覆冰情况，分析该无人机系统作业模式及创新搭载设备的性能和应用。

关键词： 无人机　运输线路巡检　覆冰勘测　技术应用

所属岗位中类： 电力运维检修技术

所属岗位小类： 输电运检技术

涉及模块： 输电带电作业新技术

涉及知识点： 无人机防灾减灾技术

一、案例简介

2020 年 12 月，入冬的宁夏，气温骤降，积雪覆盖高山。为确保冬季电网正常运行，为更近、更清晰地观察线路覆冰情况，无人机班组人员杨某某、罗某某前往山顶，利用四旋翼无人机对 110kV ××线、进行了线路覆冰飞巡观察，以便更清晰地掌握导线、金具及塔材的覆冰情况。目前，许多铁塔塔材上已堆了厚厚的积雪，导线绝缘子等运行情况已有所影响，需要尽快展开除冰工作。

二、解决方法

1. 传统解决方法——人工除冰方法

电力部门每年都要开展观冰工作，传统的人工观冰都是通过在地面利用望远镜、模拟导线来观测覆冰的厚度，未能准确的体现导地线真实的覆冰厚度，效果不明显。另外，作业人员需反复利用望远镜观测覆冰情况，并且需到塔周围测量覆冰厚度等操作，工作效率低且风险高。西北地区冬季寒冷，高压输送线路结冰严重，尽管采用防覆冰技术一定程度上抑制覆冰的生成和发展，避免或减少了覆冰引起事故，但其潜在的危害一直困扰着电力部门。近年来发生的一些大冰灾已经危及我国主干网线路的运行安全，电力部门对电网覆冰除冰工作高度关注。

我国当前除冰的传统作业方法主要靠人工进行，人工除冰费时费力，同时也受到自然环境的制约，如高山、湖泊等恶劣环境会对作业人员的人身安全造成威胁。总之，人工除冰防冰技术普遍能耗大、安全性低。

2. 新技术解决方法——无人机除冰方法

国内大部分电网公司搭建了主网线路覆冰检测装置，结合运检公司建立的"输电线路防灾减灾分析预警系统"中的微气象信息预报和线路的运行数据，可实现对输电线路防冰薄弱点的查找，及时提出重点观冰区域和急需融冰的线路。无人机系统和输电线路防灾减灾分析系统进行数据交互，根据防灾减灾系统分析得出的结果，利用杆塔坐标进行定位、制定巡航路线，对覆冰重灾区进行精确核查。通过携带的高清摄像头及嵌入式视频处理平台实时处理航拍图像。系统将对输电线路和绝缘子进行准确识别，并通过图像分割以及边缘检测技术计算覆冰的厚度，并且精准监控覆冰导致的线路弧垂变化，准确计算分析导线和杆塔应力，评估倒塔断线风险，并给出融冰建议，实现精准抗灾。

无人机采用这项非接触的方式，可准确测量整段导线覆冰重量，自动分析反馈出该区段线路在覆冰情况下的工况，并对需要融冰的线路，可能发生冰闪的绝缘子串进行预警并提供辅助决策。并且在线路融冰过程中通过红外镜头进行核查，指导融冰工作，使融冰过程更加高效便捷。

无人机覆冰勘测

三、应用效果评价

1. 提高电力维修的工作效率

以往观冰都是通过人工在地面利用望远镜、模拟导线来观测覆冰的厚度，未能准确的体现导地线真实的覆冰厚度。

无人机可定期实现对电网线路的覆冰情况全线排查，确保通电线路的安全，有利于加大对线路重点区域的巡查力度。因为无人机可长时间的在空中悬停，可第一时间获取线路覆冰的地点和隐患位置，还可以掌握事故严重程度，抢修人员根据传回来的影像信息，制定抢修解决方案，提高电力维修的工作效率，为电力恢复赢得宝贵的时间。

2. 降低了电网部门巡检的人力、物力成本

无人机覆冰勘测降低了电网部门巡检的人力、物力成本。为了提升观冰效果，国网宁夏检修公司引进了一种新型无人机疏水涂层圆形刻度尺，测量线路覆冰情况，用以提升线路观冰、防冰效果。

3. 大量减少了输电线路融冰的作业人员

无人机采用这项非接触的方式，可准确测量整段导线覆冰重量，自动分析反馈出该区段线路在覆冰情况下的工况，并对需要融冰的线路，可能发生冰闪的绝缘子串进行预

警并提供辅助决策。并且在线路融冰过程中通过红外镜头进行核查，指导融冰工作，使融冰过程更加高效便捷。改变了传统人工敲冰、望远镜观察的落后方式。同时，无人机系统还能在夜间进行输电线路融冰，对输电线路融冰效果进行核查，无须在夜间、在融冰现场派驻值守人员，大量减少了输电线路融冰的作业人员，使融冰过程更加高效便捷。

4. 降低了作业风险

线路覆冰往往伴随着天气状况恶劣，巡视、抢修人员的人身安全有可能受到威胁。而专门针对输电线路覆冰勘测进行研制的无人机可代替人工进行巡检、融冰，降低了作业风险。

案例十四　灾害应用——
火灾勘测应用案例

摘要： 无人机凭借机动灵活、拍摄视野全面等特点，在很多行业得到了大规模的应用，尤其是消防救援领域。当火灾发生时，安全及时获取现场火情信息对于扑救工作部署和决策至关重要。随着技术的发展，无人机的性能不断提升，对于恶劣环境的适应性不断增强，并且可以搭载热成像相机，更加准确定位起火点位置和周边情况。

关键词： 无人机巡检　输电线路　火灾勘测　技术应用

所属岗位中类： 电力运维检修技术

所属岗位小类： 输电运检技术

涉及模块： 输电带电作业新技术

涉及知识点： 无人机防灾减灾技术

一、案例简介

2020 年 12 月 31 日 15 时 48 分，一架"双尾蝎"无人机按预设航线连续飞行近 5h，于 20 时 42 分安全降落地面。至此，森林火灾巡查任务圆满完成。

二、解决方法

通过无人机搭载多功能模块，第一时间采集现场气体、温度、方向以及现场影像信息，全方位展示灾情，并快速提供辅助灭火和应急救援，最大限度地发挥灭火无人机的辅助实战效能。集成的功能模块主要包括：

火灾勘测无人机可同时搭载多种不同类型的气体传感器，对火场中的有毒有害气体进行实时监测，且各种气体传感器可根据现场需求随时更换，为灭火人员的个人防护提供预测预警，并将采集到的关键数据录入数据库，为今后的科学研究和现场指挥提供信息支撑。

火灾勘测无人机可以实现对灾害事故现场的高清视频信息以及夜视影像信息的采集。可见光和夜视影像信息采用集成的可见光和夜视一体高清机芯，可以更清晰地分辨火场信息。夜间是火灾的高发时段，可以借助夜视仪来实现火灾信息的准确采集。该模块应实现对现场影像信息的实时放大缩小、拍照、录像、昼夜切换等。

火灾勘测无人机挂载 3D 建模系统（倾斜相机），利用集成的高清摄像头，实现从不同方位对地表物、特征点快速有效覆盖，同时基于图形运算单元 GPU 的后处理三维建模技术，实现对重点灾区的 3D 精准建模。

火灾勘测无人机的红外热像可以应用在不同的场景中，搭载的高性能模拟图像传输系统可以实时传输红外热像的影像，并能实时测绘出场景的温度信息，给救灾人员提供强有力的决策支撑。

三、应用效果评价

1. 无人机使用方便

无人机作为一种先进的飞行器，其体积小、重量轻，整机的机械结构连接件少，结构简单，无论是在保养还是维修都十分简单，便于直观地查看各个零部件，可以随时拆卸、更换损坏或者存在故障的零件，维修十分简单。

2. 无人机具有很好的机动性

使用无人机灭火救援，可以在发现火情以后快速出发，直接飞达火灾现场，不受交通情况的影响，具有很好的机动性。

3. 无人机安全性高

使用无人机代替灭火救援队员进入火场，使用携带的摄像头将火场的实际情况反馈到指挥部或者指挥车上，为消防灭火救援方案制定提供必要依据。

4. 无人机的拍摄视野范围广

无人机的拍摄视野范围十分广，可以实现 360°的拍摄旋转，对火灾现场的整体情况进行全面、清晰的呈现，帮助消防灭火救援人员更好地掌握火场的情况，提高救援效率。

5. 无人机能在第一时间获得火灾信息

火灾勘测无人机能够完成火源勘测、火场位置确定、着火面积测量、火势发展监视等任务，并将火场影像实时传回地面指挥中心。在侦办模块的作业形式下，无人机能够有效地对火灾损毁状况进行实时评价，能够获取部分重点部位的明晰图画，焚烧面积，火势蔓延状况等重要信息，为消防灭火救援指挥提供准确侦察数据，便于做出准确决策。

案例十五　无人机创新应用——
小飞人带电作业介绍

摘要： 近年来，随着交直流超、特高压大规模的建设，传统的带电作业方式已经不能满足以 750kV 为主网架的电网的需求。无人机技术的发展为超、特高压带电作业的发展提供了新的平台，借助多旋翼无人机以及"小飞人"，通过遥感技术，可实现超、特高压输电线路线带电作业高效及自动化开展。本案例重点介绍了无人机和"小飞人"基本构成、各自在带电作业过程中承担的角色。

关键词： 无人机　小飞人　带电作业

所属岗位中类： 电力运维检修技术

所属岗位小类： 输电运检技术

涉及模块： 输电带电作业新技术

涉及知识点： 无人机辅助带电检修技术

一、案例简介

2021 年 5 月无人机班组人员杨某某、罗某某在使用多旋翼无人机对杆塔进行可见光拍摄，经过对无人机巡检照片分析发现该线某处开口销缺失，若不及时处理可能造成掉线事故，危及整条线路安全运行，影响电厂上网送电和城乡居民的正常用电。

二、解决方法

1. 传统分析方法——人工展放导引绳

在传统的带电作业中，展放导引绳是第一步，也是工作量最烦琐的一步，通常需要地电位电工攀登至杆塔横担位置，利用绝缘操作杆将导引绳展放在导线上，地面配合人员将其移动至作业位置才能开始工作。随着 750kV、±800kV 特高压的建设，杆塔的呼称高相比 330kV 线路杆塔呼称高大幅提升，平均高度在 50～80m 左右，作业用时约 1.5h，就展放导引绳这一步就耗去了大量的时间与精力。

2. 新技术分析方法——"无人机+小飞人"带电作业

"小飞人"是一款电动提升装置，采用电池驱动技术，将作业人员提升到 100～300m 高度，整套设备随身携带，不受场地、电磁、天气限制。通过小飞人，可以将作业人员轻松起降至作业位置，实现高空起降的自动化，代替人力攀爬软梯、杆塔等作业程序。

"无人机+小飞人"带电作业实现了绳索抛挂、作业人员自由起降的机械自动化程度，省去了人员攀登杆塔、监测绝缘子、攀爬软梯登塔等烦琐作业程序，解放了劳动力，降低了作业风险，提高了效率。

乘坐"小飞人"进入强电场是"无人机+小飞人"带电作业新工法的核心成果。具体的关键技术有：

（1）无人机飞行姿态控制。复杂的电磁环境，会对无人机飞行造成影响，对地面基站与无人机之间的信号造成干扰，降低信号强度，易造成无人机不受指令控制，严重时，会造成坠机事件。目前，国内外无任何有关无人机与电磁环境之间的技术标准。随着无人机技术推广应用，无人机作业已经深入到电力安全生产作业中，其与电磁环境之间的关系也引起了行业内的关注，已经成为重点研究课题之一。

无人机在飞行过程中应飞行平稳，尽量避免快速上升、下降。无人机携带 $\phi4mm$ 绝缘小绳自测 10m 观测线位置 1 处起飞，如下图所示，待飞行高度超过边相导线 10m 后，无人机向线路侧平飞，从边相导线与地线垂直间隙进入线路上方后飞至 2 位置（边相与中相中间）后，垂直高度超过 2 倍于导线对地距离后，使用遥控器，打开舵机系统，将携带 $\phi4mm$ 绝缘小绳抛落，无人机向右飞出设备区。

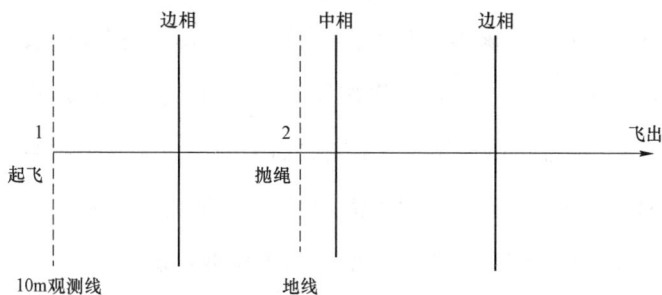

无人机飞行姿态控制示意图

（2）"小飞人"屏蔽措施。由于"小飞人"是金属结构，属于良导体，内部有大量的电子元件。若"小飞人"在裸露状态下逐步接近强电场，其内部会产生电流，损毁、损伤电子元件，影响"小飞人"的正常工作。鉴于此原因，经过多位专家研讨分析，为"小飞人"量身定做了带电作业专用屏蔽服，表面各部位形成一个等电位屏蔽面，从而防护内部电子元件免受高压电场及电磁波的危害。为了检测此方法的有效性，根据《带电作业管理办法》《带电作业工器具、装置和设备预防性试验规程》的相关要求，开展了带电作业试验，从 0kV 开始加压，每次升压 100kV，直至 895kV，"小飞人"升降器都能工作正常，符合现场实际应用条件。

屏蔽服面料主要是由导电纤维（一般为 316L 型不锈钢纤维）和纺织纤维（涤纶纤维和棉纤维）组成，全套屏蔽服贯穿导电主筋。把一套±800kV 屏蔽服按照"小飞人"电动升降机尺寸进行剪裁，我们按照屏蔽服的要求用导电主筋做整个屏蔽罩，并把所有的不锈钢纤维与导电主筋相连。面料选用魔术粘连接，面料之间的导电主筋相连。加工完成了"小飞人"电动升降器的"屏蔽服"。

（3）"小飞人"起降绳的选择。"小飞人"起降绳索为迪尼玛绳，迪尼玛绳索具有强度高、防潮性能、耐磨性良好、防紫外线以及抗化学腐蚀性等特点，普通迪尼玛绳子是由高强高模聚乙烯纤维编织而成，而聚乙烯纤维具有易燃、泄漏电流大、绝缘性能差等特点，因此，普通迪尼玛绳禁止在带电作业中使用。为了使"小飞人"应用到输电线路带电作业过程中，就必须用绝缘绳索代替迪尼玛绳绳。普通绝缘绳索耐磨性差、收缩比大、硬度小，作为"小飞人"的承力绳，易出现卡齿、变形及破损等现象。经现场多次试验，普通绝缘不能代替迪尼玛绳作为"小飞人"的起降绳索。

鉴于以上原因，就必须寻求一款既能满足带电作业的要求，又有足够的硬度、强度满足"小飞人"的起降。经过多次与绳索厂家的试验研究，一款半静力绳走进了我们的视野，不仅具有迪尼玛绳的耐磨性、延展性、拉力承受能力强等特点，更兼有蚕丝绳很好的绝缘性能、泄漏电流也很小、不易燃烧等性能。"小飞人"电动升降机负重 100 斤使用半静力绳上下 3 h 进行耐磨测试，测试完成后采用高压兆欧表对半静力绳进行测量，测量数值＞3000 MΩ。按照规程规定对半静力绳进行预防性试验及 15 次耐压冲击试验，检测其泄漏电流、可燃性及绝缘性能是否满足带电作业需求。

通过实验证明，此种半静力绳完全满足带电作业需求。

三、应用效果评价

1. 省去了人员攀登杆塔、监测绝缘子、攀爬软梯登塔等烦琐作业程序，提高了效率

传统的带电作业中采用人工展放导引绳，费时费力。而采用无人机抛绳，飞控手在地面遥控操作就可以实现这一切，用时约 5min，效率提升约 17 倍。

2. 解放了劳动力

传统的带电作业中，进入强电场的方式有沿绝缘子串自由穿越、吊篮摆入、沿软体进入等等。以自由穿越法进出强电场为例，750kV、±800kV 超、特高压输电线路中绝缘子为 60～120 片，串长约 15～30m，低零值绝缘子检测，需要 3 个人协同配合，耗时约 40min。待检测合格后，等电位电工采用"跨二短三"进入强电场，耗时约 30 min。同样，退出强电场时也需按同样的方式。"小飞人"采用电池驱动技术，将等电位电工提升至作业位置，耗时约 2 min，不受场地、电磁、天气限制。效率提升约 25 倍。

3. 降低了作业风险

传统的带电作业方式对等电位电工的体能消耗非常大，对人员的身体素质要求极高，作业条件限制比较大。"小飞人"采用电池驱动技术，将等电位电工提升至作业位置，降低了作业风险。

将无人机技术与"小飞人"功能应用到超、特高压输电线路带电作业中，实现了超特高压输电线路带电作业自动化，不仅大大减轻了带电作业的人力投入，同时又能够快速、安全、高效地完成带电抢修工作。这种全新进入强电场的新工法不受塔型、地形的限制，解决了紧缩型铁塔及大跨越地段进入强电场的困难。"无人机+小飞人"带电作业

新工法有非常重要的实用价值。实现了带电作业里程碑式的发展。

"无人机+小飞人"带电作业新工法自创新以来，已经多次在 750kV 输电线路成功实践。在 ±800kV 及 ±1100kV 特高压直流输电线路上也取得了进展。虽然新工法还需进一步的完善、改良，但无疑已成为超、特高压带电作业技术新的研究方向。

案例十六 无人机创新应用——多旋翼无人机变电站自主巡检实例

摘要：随着我国科学技术的不断向前发展，当前一些巡检机器人系统已经在一些无人值班的变电站当中取得了相对比较广泛的应用。通过设备巡检机器人，可以及时发现一些设备在使用过程当中所存在的一系列问题，全方位防止安全事故的发生，保障设备能够处于安全稳定的运行状态当中。然而，在变电站设备巡检机器人正式使用的过程当中，依然在一定程度上会出现一些设备巡检盲区、类似于点位偏差表读数不准确等一系列问题。本案例基于现有的技术提出将无人机应用于变电站巡检的创新方法，并且对无人机在实际应用过程当中所具有的一系列优势进行探讨。

关键词：变电站 多旋翼无人机巡检 运输线路 技术

所属岗位中类：电力运维检修技术

所属岗位小类：变电运检技术

所属能力项：变电运维检修技术创新及应用

涉及模块：变电带电作业新技术

涉及知识点：无人机巡检技术

一、案例简介

为实现电网全工况复杂场景无人机自主巡检，国网××公司的智能运检、变电运维、输电工程三个专业等 20 余人组成无人机巡检柔性团队，实现了 750kV 变电站无人机高精度真实生产场景全自主巡检工作。

12月9日，在750kV××变电站内，无人机腾空而起，高清拍摄独立避雷针紧固螺栓等设备关键部位，智能规避附近带电设备，全程没有依靠人工操作。巡检工作结束后，无人机自动返航，与站内户外机器人进行系统互通，生成综合巡检报告。曾经需要人工8 h才能完成的巡检工作，目前已全部实现了机器代人智能化巡检。

二、解决方法

1. 传统分析方法——人工巡检

传统变电站监控和巡视主要通过人工方式，通过人的感官对设备进行简单定性判断，主要通过看、触、听、嗅等方法实现。变电站设备设施布局紧凑复杂，呈高低布置，巡视区域广、点位多，一直以来的人工巡检、机器人巡检由于自身高度限制，只能以平视或仰视角度巡检，无法直接观察到设备高处或顶部情况。

但是，人工巡检存在着很多不足。传统人工巡检方式存在劳动强度大、工作效率低、检测质量分散、手段单一等不足，人工检测的数据也无法准确、及时地接入管理信息系统。并且，随着无人值守模式的推广，巡视工作量越来越大，巡检到位率、及时性无法保证。

2. 新技术分析方法——无人机巡检

与传统的无人机对输电线路的巡检比较而言，为实现巡检视角更全面细致，不受设备设施高度限制，对设备设施高处部位或顶部的缺陷隐患细节状况"一览无遗"，覆盖巡检死角，巡检变电站的无人机需要更强的抗干扰能力、更精确的飞行姿态控制系统、运行控制更完整的轨迹控制系统、更高清的视频图像采集功能、更准确的自动导航定位功能以及可靠的避障系统。因此，变电站无人机自动化巡检搭载可见光与红外相机，并充分运用了激光雷达（LiDAR）技术、实时动态高精度定位（RTK）技术、深度学习算法，不再依赖飞行人员的无人机操控技术和经验，而是完全自主飞行实现电网的精细化巡检。

无人机全自主飞行的航线就是利用激光 LiDAR 采集的变电站高精度三维点云数据来规划设计的，其输出高精度 WGS-84 系统地理坐标的航线以供多旋翼无人机进行自主导航飞行作业。而为了克服特高压变电站复杂环境对无人机自主巡检的信号干扰，当前主流做法是创新架设实时差分定位基站，确保变电站差分信号全时段覆盖，解决了变电站抗干扰技术难题。

通过激光雷达获取变电站内的高精度三维点云作为基础三维地图，随后使用 AI 算法自动识别提取关键特征（即站内主要设备）的空间参数，最后自动关联电网资产数据库中的台账记录。借助深度学习算法帮助实现变电站本体精细化巡检的拍照点自动化精准选定，形成平滑连接各拍照点的飞行航迹，并上传至无人机飞控系统中。无人机依据规划的飞行航迹，在 RTK 厘米级精度定位信号下进行复杂业务自主飞行，并借助激光雷达进行自主导航避障。

高精度的 RTK 定位技术是基于载波相位观测值的实时动态定位技术，它能够实时地提供测站点在指定坐标系中的三维定位结果，并达到厘米级精度。在 RTK 作业模式下，基准站通过数据链将其观测值和测站坐标信息一起传送给流动站。流动站不仅通过数据链接收来自基准站的数据，还要采集 GPS 观测数据，并在系统内组成差分观测值进行实时处理，同时给出厘米级定位结果，历时不到一秒钟，时间更快，结果更准确。

由于流动站和基准站间的距离限制，常规 RTK 已无法满足定位精度需要，故出现了网络 RTK，其利用多个基准站构成一个基准站网来获取高精度的定位结果。无人机自动化巡检就是通过网络 RTK 实现无人机的高精度定位导航，通过深度学习算法训练的模型，可精确识别存在缺陷隐患的照片及缺陷位置，最终实现无人机在变电站精确按照规划路径进行精细化巡视。

三、应用效果评价

在变电站巡检工作日常开展过程中，无人机的使用会大大提高变电站巡检工作的工作效率以及工作质量，但是在无人机巡检过程中并不都是优点，无人机巡检中同样存在一定的缺点，为了使无人机巡检工作更加完善，了解无人机巡检中的优缺点非常重要。就此，对无人机进行变电站架构、避雷针等设备巡检的主要优缺点进行了详细分析，包括以下几点。

1. 近距离观察变电站基础设备

在变电站日常巡检工作开展过程中，利用无人机在高空中对变电站相关设备进行近距离观察，能够十分清晰地获取变电站架构、避雷针的图像数据，工作人员通过对无人机所提供的数据进行对比、分析，及时掌握设备运行过程中出现的一切异常情况，针对异常制定出具有针对性的解决措施，从而恢复设备的正常运行。

2. 避免人工巡检盲区

无人机在变电站巡检工作中，具有高度的优势，在巡检中的巡检范围能够全面覆盖变电站内的所有架构、避雷针等高处设备，并且无人机在飞行过程中还具备旋转飞行的功能，通过旋转飞行获取变电站内巡检设备 360°无死角场景图像数据资料，避免了人工巡检时产生的视觉死角，提高巡检质量。

3. 大大提高巡检效率

与人工巡检比较而言，无人机在变电站巡检工作中，飞行速度快，上下飞行非常方便，并且在变电站架构、避雷针巡检过程中还能够根据巡视路线的设定进行连续的飞行巡检，从而有效缩短变电站设备的巡检时间，提高巡检效率，节省变电站人力资源。

4. 存在巡检安全风险

尽管无人机在巡检工作中具有明显优点，但是，由于变电站中存在许多高压带电设备，再加上布局比较复杂，其中存在的电磁干扰影响较大，因此无人机在巡检过程中很有可能出现飞行失控的情况，导致无人机巡检失败。

案例十七　无人机创新应用——多旋翼无人机一控多机自主巡检

摘要： 多旋翼无人机一控多机的控制系统，包括一台地面遥控装置、至少一台天空端受控装置和至少一台受控无人机，地面遥控装置用于发送指令控制无人机，天空端受控装置设置在受控无人机上，用于接收地面遥控装置的指令，以及将无人机的飞行状态回传给地面遥控装置，地面遥控装置可以同时和至少一台天空端受控装置通信，案例还提供了多旋翼无人机一控多机的控制方法用于控制无人机。在无人机领域中，多旋翼无人机一控多机能很好地解决多机作业下人力浪费、多机协调不便、效率低下的问题，而且一控多机不需要多台遥控装置，这样也能节约许多成本。

关键词： 多旋翼无人机　一控多机　技术　应用

所属岗位中类： 电力运维检修技术

所属岗位小类： 输电运检技术

所属能力项： 输电运维检修技术创新及应用

涉及模块： 输电带电作业新技术

涉及知识点： 无人机巡检技术

一、案例简介

××市××村××线××号杆塔下，需要在 6 月 15 日前，十天内对该线路周边 200 多万 m^2 区域内的温棚进行高精度建模，因为该区域温棚塑料膜经常被大风刮起，漂浮缠绕到电力线路上，引发线路跳闸、停电的事故已成为电力线路安全运行的主要"杀手"。

但在勘测范围大、工期紧张、人员紧缺的情况下，无人机单机进行倾斜摄影作业模式已经不能满足生产需求。这意味着，采用一控多机的方式开展航测显得尤为迫切。

二、解决方法

1. 传统分析方法——无人机单机作业

倾斜摄影测量的技术是用自动化的方法构建三维模型，标准测量是同一台无人机上搭载着五个镜头相机从垂直方向和前后左右四个方向倾斜多角度采集影像数据、获取完整准确的纹理数据和定位信息。在影像采集时，最好是五组镜头都能覆盖被拍摄物体的特征，覆盖的影像越多，所包含的空间和纹理信息就越多，建模的效果就越好。在无人机倾斜摄影一般场景中，重叠率大多采用航向80%，旁向70%。但无人机单机作业，拍摄范围小，拍摄效率低，无法十天内完成该线路周边200多万 m^2 区域内的温棚的高精度建模。

2. 新技术分析方法——无人机一控多机自主巡检

一控多机是可以将一块大的测区划分为多个小区块，并用一个遥控器控制多台飞机同时作业。

（1）引入大区分割，为一控多机铺路。为解决一控多机潜在的各种难题，精灵4RTK遥控器内置的 GS RTK App 提供大区分割航线规划功能，为一控多机提供了全自动化的集群管理方案。

图 1　大区分割航线示意图航线规划示意

大区分割可根据需求设置，自动将一个大的测区切割为多个小区块，将整个测区作为一个整体进行航线规划和航线切割，以保证航线整体的衔接性。基于先进的多机集群管理功能，使用大区分割进行一控多机作业时，飞行器会自动相互同步自身位置，各飞机会按照设定的任务"各司其职",完全无须担心飞机之间发生碰撞。精灵 4RTK 遥控器自带 RTK 广播功能,在一控多机模式下,每台无人机都能收到精准的 RTK 定位信息。

(2)一控双机实战亲测,效率飙升。在实际作业中,一控多机究竟能带来多大的效率提升?精度如何?让我们来看看一个真实的航测案例。

为保障输电线路巡检的有序开展,电力部门采用大区分割航线规划,以一控双机的方式在××开展航测并完成正射影像图制作工作。在大区分割航线规划时,可设置飞行高度、飞行速度、拍摄模式、完成动作、相机设置、重叠度等参数,并支持参数设置对所有子任务生效,航线规划方便、高效、一致。由于该项目区地处山区,高度差异大,航高调整控制在 200~280m,项目组设置航向重叠率为 80%,旁向重叠率为 70%,连续 6 天集中开展外业航测作业。

时间	数值	天气情况	作业方式	作业人员	数量
第一天	414	晴	1 控 2 机	2	1
第二天	3456	阴、雾	1 控 2 机	2	1
第三天	4115	阴	1 控 2 机	2	1
第四天	2653	阴、雾	1 控 2 机	2	1
第五天	1509	阴、雾	1 控 2 机	2	1
第六天	2317	阴、雾	1 控 2 机	2	1
合计	14 464	—	—	—	—

图 2 外业航测统计表(后期补飞获取 1266 张航片)

图 3 项目区航测总架次航线和局部示意图

相比传统作业模式，一控双机大幅提升了有效的航拍图片数量。

三、应用效果评价

1. 大幅提升了有效的航拍图片数量

相比传统作业模式，一控双机大幅提升了有效的航拍图片数量。一控双机采集的数据来自多台无人机，相机内参各有不同，数据量多达 15730 张，覆盖面积 70 余 m^2。全新升级的无人机大疆智图 2.2 版本支持处理的数据量大幅提升，最高可达 400 张精灵 Phantom 4 RTK 影像/1GB 内存，即 128G 内存电脑最多可处理 5 万张照片。使用 64G 内存电脑即可一键式进行正射影像生产，建模仅花了 994min，数据一次性处理完成，成果满足精度要求。

2. 作业整体效率提升了 1 倍以上

上文提到的案例中电力部门采用一控多机中的双机模式操作进行航拍，加之无人机和倾斜摄影技术完美搭档，2 名技术人员 6 天完成了 70 多 km^2 的数据采集，作业整体效率提升了 1 倍以上。此外，在数据后期处理过程中，利用单台电脑一键式快速生成了分辨率约为 0.098m 的高分辨率正射影像图。可见，无论是从外业航测方面还是从数据后期处理方面，一控多机技术都十分高效、经济。

案例十八　无人机创新应用——喷火清障装置

摘要：输电线路的安全运维关乎着整个电力系统运行的稳定性和可靠性，确保架空高压输电线路安全运行，是运维人员核心工作内容之一，而飘挂物作为影响线路安全的隐患之一，应当及时发现和开展清障作业。传统的作业模式是人工攀爬线路，工作效率低，危险系数高，针对高压输电线路上各种可燃异物的清理问题，国内研制了一种无人机高压输电线路异物清除装置，即利用六旋翼无人机携带喷火装置，采用燃烧的方法清除异物。使用该装置的工作人员无须靠近输电线路通过远程遥控即可在带电情况下，快速清除塑料薄膜、风筝线等异物，既可保障工作人员的生命安全，避免了人工攀爬线路，工作效率低，危险系数高的问题。又为企业节省大量的人力物力。

关键词：异物　无人机　喷火清障　输电线路

所属岗位中类：电力运维检修技术

所属岗位小类：输电运检技术

所属能力项：输电运维检修技术创新及应用

涉及模块：输电带电作业新技术

涉及知识点：无人机辅助检修作业技术

一、案例简介

2021年2月，750kV××线用喷火式无人机成功完成了带电导线地膜塑料搭挂物清除作业。2月15日上午，国网××公司无人机巡检人员在对线路巡查时，发现一条地膜塑料飘挂在塔间线路上。由于地膜塑料飘挂缠绕的位置不佳，位于距离铁塔较远的导线上，常规带电作业困难。因此，运维人员决定采用无人机喷火装置清除导线异物，短暂的安装调试后，作业人员控制无人机升空定点悬停，与异物、导线之间保持 2m 左右的安全距离。无人机上的喷火装置喷出一道约 2m 的火苗，缠绕在导线上的异物瞬间燃烧并脱落导线，全程仅耗时 5min。

二、解决方法

1. 传统解决方法——人工登塔清障

传统的飘移物的处理主要是采用人工拆除的方法，但人工登塔作业不仅风险高、效率低，而且在安全距离不足的情况下还需线路停电，这无疑影响了系统运行的整体稳定性。

2. 新技术解决方法——无人机喷火清障

（1）设备工作原理。喷火无人机其实是由无人机和喷火装置组合而成的电力运维设备。在日常电网除障中，无人机负责锁定瞄准位置，喷火装置中的喷枪喷出特殊油料，再通过喷枪前端的电子打火器点燃形成火舌，能够燃烧异物、快速除障。

（2）燃烧原料。丁烷是一种无色可燃性气体，是发展石油化工、有机原料的重要原料，其用途日益受到重视，目前已经较为普遍的应用于日常生活中。便携丁烷气罐目前是市面上较为常用的经济型燃烧液态燃料。

（3）燃烧方式。丁烷气罐外部通过电磁阀门和喷杆相连，电磁阀门和电火花发生器连接在遥控的接收机上的两个通道上，这两个通道分别控制气体输出和电火花的产生。也就是说，是利用无人机自身的遥控接收器作为这套点火设备的遥控信号接收器。对于操控手来说，在操作旋翼无人机进行巡检作业时，更便于电火设备的控制与操作。操控手通过操作无人机遥控器的气体控制开关，打开阀门开关使丁烷气体喷出。然后发送遥控信号控制电火花发生器产生火花，将丁烷点燃产生火焰。火焰对准输电线异物使其燃烧，从而清除异物，达到清除异物的目的后，关闭气体控制按钮，使气体停止喷射。

三、应用效果评价

1. 输电线路不会受到影响

输电线路本身具有较高的耐高温性，无人机单次喷火时间短，瞬间温度其实并不高，输电线路不会受到影响。

2. 快捷、方便、高效、安全

采用无人机喷火清除带电导线异物的作业方式，在减轻作业人员工作量、提高工作效率的同时，更加有利于确保现场人员和设备的安全，具有快捷、方便、高效的特点。目前，针对高压输电线路上，各种可燃异物的清理问题，利用六旋翼无人机携带喷火装置，采用燃烧的方法清除异物。使用该装置的工作人员无须靠近输电线路，通过远程遥控即可在带电情况下，可以快速清除塑料薄膜、风筝线等异物，使原来数小时的清障时间缩短到数分钟，不仅提高了效率，还降低了安全作业风险，同时提高了供电可靠性。

案例十九 无人机摔机原因分析——人为原因

摘要： 针对无人机作业中发生的坠机事故，对电力部门用于巡检线路的无人机系统灾难性事故案例进行统计分析，从造成无人机摔机的人为因素分析本案例中典型事故产生的原因，找出无人机操作手在操控无人机运行工作时存在的问题，针对这些问题提出可行的预防措施，为建立或完善运输线路巡检无人机摔机事故报告和预防机制提供理论支持。

关键词： 无人机摔机 人为因素 预防措施

所属岗位中类： 电力运维检修技术

所属岗位小类： 输电运检技术

涉及模块： 输电带电作业新技术

涉及知识点： 无人机巡检技术

一、案例简介

2021年2月25日13时，一架固定翼无人机在750kV线路内巡检线路结束后在着陆时坠毁。操作手的首次着陆尝试由于突发风效应造成复飞。在第二次尝试中，在相似的风况下，事故无人机机头产生拉飘，操作手企图通过推动机头向前以改变这个状况，在操作手还没有能够再次启动复飞程序时，无人机机头在不受控制的情况下前倾，并最终坠毁在目的地东部100m处。

二、存在问题及分析

事故报告显示：一是强突风造成的反向效应导致操作手未能保持对飞机俯仰的有效控制，结果先着陆的前起落架造成结构损坏；二是飞机的失控，最后撞向地面；三是操作手失误的问题，作为无人机坠机事故"人-机-环"三个维度中，与人有关的致因因素是极其重要的关键因素。这里主要分析造成无人机坠机事故的人为操作因素。

一般而言，无人机采用远程遥控操作模式，操纵无人机是一项专业性极强的工作。根据统计数据，相当一部分飞行事故是由操纵员的失误造成的，大约占到事故的14.7%。我单位对此次无人机的坠毁事故主要原因已从原先的硬件失效方面转移到人员操作失误方面，这暴露了飞行员技能问题：

操作人员面对突发事件操作两次均未成功，反映出操作人员自身的业务能力不强硬，飞行经验不丰富，面对突发情况并不能妥善处理，所以导致无人机在遇到风这样的外力因素时不可避免的发生意外事故，造成班组财产损失，甚至延误巡检工作。尽管无人机的性能大增，但在电力部门在机组人员的培训上却远远不够。

另外可以发现无人机操作人员的理论知识不扎实、训练不充分、经验不足。有数据表明现在有一半以上无人机操控员"接受新兵训练后直接上岗"，没有丝毫实战经验。由于训练不足，无人机会因为三种人为因素坠机：一是技能不足，二是突发情况处理能力不足，三是对情况态势感知判断力缺乏。

三、改进措施和方法

根据案例中存在的问题我们提出了以下的改进措施，同时针对类似人为原因导致的无人机事故提出了一些预防措施。

1. 飞行前检查

电池松动，螺旋桨的错误安装都会导致无人机飞行事故。在飞行前，转动每个螺旋桨确认是否安全。还需要正确连接无人机电池。另一个常见错误是 RC 天线没有对准，不同无人机的具体操作也不同：像 DJI quad copters 无人机需要注意天线的调对，因此请务必阅读手册以获得最佳信号。

2. 紧盯操作屏幕

操作人员紧盯屏幕上而非无人机，否则可能导致无人机发生意外，造成直接经济损失。通过屏幕密切关注无人机飞行姿态等才能确保飞行安全。

3. 注意超视距飞行

大多数巡检无人机的设计目的达到更远的飞行距离，但对超视距飞行的无人机而言，飞行距离越远，危险系数越大。尽管可以使用应用程序显示无人机的飞行路线，但如果手机在无人机飞行过程中死机，那么无人机操作手很难确定哪个方向是无人机主点，从而确保将无人机保持在视线范围内。

4. 检查自动飞行模式

"跟随模式"或"轨道模式"类的智能飞行模式可用于拍摄视频与拍照，但由于这些模式设定为"可自动飞行"，因此无人机仍会撞到未检测到的物体。在自动飞行模式下启动无人机之前，请务必先检查飞行区域，或者选择手动飞行模式。

5. 选择合适的运动模式

一些 DJI 无人机采用运动模式可使无人机运行更快。由于无人机具有某种程度上的屏幕延迟，因此无人机飞行速度越快可能危险更大，为避免碰撞，保证区域安全时再全速飞行。

6. 检查电池

大多数消费级无人机设计均为：一旦无人机低电量时将自动飞回原点或应急地点，但紧急着陆仍然是一种灾难。确保检查电池电量，确定无人机是否拥有充足的电量。

7. 预估风力情况

尽管消费级无人机可以承受风力，但迎风飞行会加速电池耗能，并降低整体飞行性能。若无人机在返航期间由于风力原因而减缓速度，它很可能无法返航。使用运动模式或更快的速度可以帮助无人机在强风中更好的飞行，但需要注意的是，此模式也会加速电池耗能。

8. 加强对操作手的专业技能训练

即使在最新的无人机上安装了最先进的功能，有时也会因为操作手操作失误而发生碰撞，所以操作手需要加强专业知识的学习并且练习飞行技能，从而逐渐增强对无人机操作控制的能力。

案例二十　无人机摔机原因分析——
设备原因

摘要： 针对无人机作业中发生的坠机事故，对电力部门用于巡检线路的无人机系统灾难性事故案例进行统计分析，从造成无人机摔机的设备因素分析本案例中典型事故产生的原因，找出无人机设备在操作运行工作时存在的问题，针对这些问题提出可行的预防措施，为建立或完善运输线路巡检无人机摔机事故报告和预防机制提供理论支持。

关键词： 无人机摔机　设备因素　预防措施

所属岗位中类： 电力运维检修技术

所属岗位小类： 输电运检技术

涉及模块： 输电带电作业新技术

涉及知识点： 无人机巡检技术

一、案例简介

2020 年 7 月 3 日，××无人机班组工作人员报告了一起多旋翼无人机事故。无人机操作员发动无人机后，在手动控制下无人机爬升至离地 50m，并执行了左转指令，但随后非指令性转弯增大导致无人机继续滚转，直到撞击地面，而操作手只能进行最小的控制。

二、存在问题及分析

事故原因：由于控制右升降时，线路太靠近自动驾驶仪而形成的电磁干扰。通过对事故原因的分析我们发现巡检无人机存在以下几方面设备故障问题：

案例中的这一起坠机事故是软件系统的问题，其实这类事故在无人机的坠机事件中经常见到。在系统故障报道中，国内无人机坠毁案例其中有 14 起是由于机械和电气故障造成的，占总事故的 78%。2019 年 12 月 10 日，某无人机班组操作无人机对贺湖线例行巡检时坠毁。我们确定飞行试验事故发生的原因是在飞行过程中，飞行计算机内的传感器数据更新被停止，传感器对控制系统的反馈失效，导致飞机失去了飞行控制，几乎是垂直撞向了地面。另外一种是通信链路被干扰。通信链路是无人机系统操纵的主要途径，也是无人机的薄弱环节，因此无人机系统对电磁波干扰非常敏感，一旦受到干扰，就会导致产生错误的控制指令，致使无法执行任务，甚至可能失控坠机。例如 2020 年 5 月 13 日，班组人员同样在无人机在执行线路例行巡检任务中，无人机失去了与地面控制站的数据传输能力，控制站试图重新建立回程链路都没有成功。

三、改进措施和方法

1. 严格把控巡检无人机的质量

电力安全无小事，无人机若在危险区域外发生摔机等意外另当别论，如果恰好无人机在输电线路危险区域内发生事故，很有可能造成线路安全事故，影响用电安全、损害国家财产安全和人民利益，后果非常严重。所以面对良莠不齐的无人机产品，班组工作人员一定要注意对无人机质量的筛查。多方协作完善无人机监管技术的建立和使用，防患于未然尽可能避免此类安全事故的发生。

2. 加强无人机监管力度

巡检无人机监管主要在于监管技术，现在无人机监管的常用技术手段是平台监管，即开发一套管理平台。在向无人机用户提供航行服务、气象服务的同时，也对飞行数据进行实时监测。无人机上安装一个类似于 SIM 卡追踪管理器，每一台安装了该卡的无人机，其飞行时的航迹、高度、速度、位置、航向等都会被实时纳入云数据库，可以根据采集到的数据，定位到无人机的"一举一动"，从而对升空的无人机进行监控和执法。

3. 定位系统的改进优化

无人机巡检时需要连接多颗卫星才能确保精确的飞行，在连接到 GPS 卫星之前飞行，可能使无人机容易发生漂移等情况。因此，无人机开始巡检时操作员需等待几秒，直到无人机在飞行前尽可能锁定至少七颗卫星，才可以开始飞行，且需改进设备的定位精准度。

4. 加强现场复勘及出库检查

严格落实无人机现场复勘及出库检查要求，加强无人机机体管理。出库检查包括整机机体检查和电池检查，且每次飞行前都应按要求检查到位，并根据任务清单核对无误后，进行出库确认。

现场复勘要求操作手在作业前使用风速仪进行风力等级检测，风力大于 5 级及以上严禁开展巡检作业；如遇雷、雨、雪、大雨、冰雹等恶劣天气严禁作业；输电线路在跨越高速铁路两侧杆塔时，严禁无人机巡检作业。